은하의 모든 순간

❶ NGC 6752(구상성단)

❶ M51(소용돌이은하)
❷ M89(타원은하)
❸ NGC 1015(막대나선은하)

❶ NGC 4676(생쥐은하)
❷ M101(바람개비은하)
❸ M104(솜브레로은하)

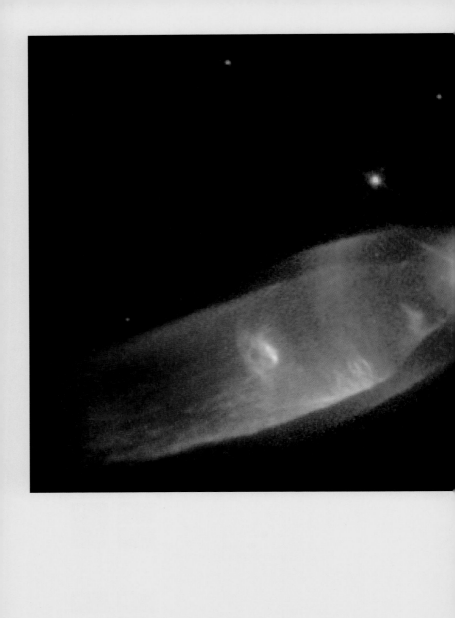

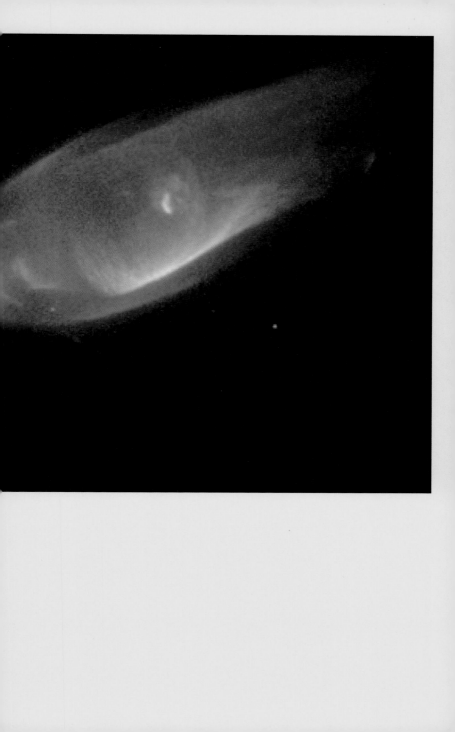

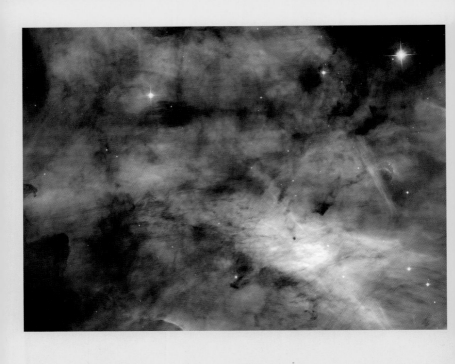

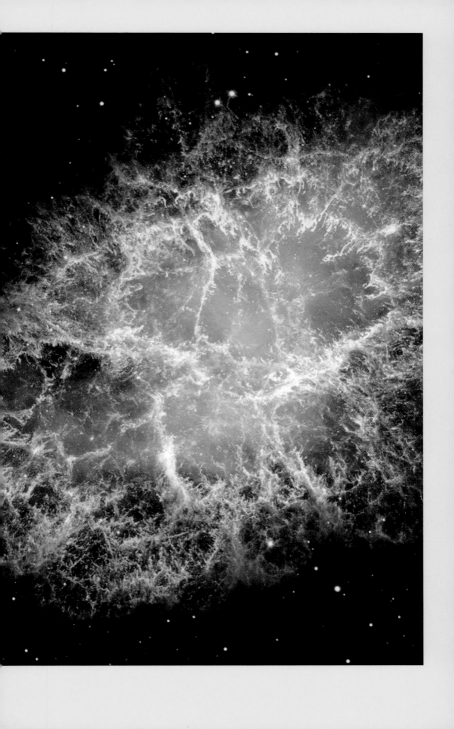

① M2-9(나비성운, 행성상성운)

① M17(백조성운, 발광성운)
② M1(게성운)

① NGC 6960(망상성운, 초신성 잔해)

은하는 우주를 전달하는 전령사다. 수천억 개의 별과 성운, 성단으로 가득한 은하는 개개가 하나의 섬우주로 그 자체가 신비다. 은하에서 질량이 큰 별이 태어나면 그 주위에 빛을 내는 성운을 만든다. 우리에게 익숙한 오리온성운이나 화보의 백조성운(M17)이 이러한 성운들이다.

별의 모태는 성운인데 보통 집단으로 태어나 성단이라 부른다. 성단 중 느슨한 집단을 이루는 것이 산개성단으로 원반에 있고, 구형으로 밀집된 것이 NGC 6752와 같은 구상성단으로 헤일로에 있다.

성운 중 태양 정도의 질량을 가진 별이 죽기 전에 질량을 일부 항성풍의 형태로 방출하여 만드는 성운이 나비성운(M2-9)과 같은 행성상성운이고, 질량이 큰 별이 초신성으로 폭발하며 대부분 질량을 성간물질로 되돌려줘 만든 것이 게성운(M1)이나 망상성운(NGC 6960)과 같은 초신성 잔해다.

행성상성운의 모습은 그야말로 다양한데 이는 항성풍이 나오는 형태가 별에 따라 다르기 때문이다. 초신성 잔해도 처음에는 게성운(M1)처럼 좁은 영역에 놓여 있으나 시간이 지나면서 확산되어 망상성운과 같이 넓은 하늘에 퍼진다.

은하에는 구형이나 타원체로 보이는 단순한 구조의 타원은하(M89)도 있지만, 나선팔이나 막대 등 다양한 구조를 가지는 나선은하도 있다. 나선팔은 나선은하의 가장 두드러진 구조이며, 주로 젊은 별로 구성되어 핵주위에 있는 부풀어 오른 구조인 중앙팽대부보다 푸르게 보인다. 나선팔의 모양은 비슷비슷하면서도 모두 다른 모양을 하고 있다.

나선팔이 바람개비처럼 보이는 M101(바람개비은하)도 있고, 소용돌이처럼 보이는 M51(소용돌이은하)도 있다. 나선은하 중 핵을 가로지르는 막대가 있는 은하를 막대나선은하라고 한다. 막대가 있는 경우 막대의 끝에서 나선팔이 시작되며, NGC 1015처럼 막대 주변에 고리 구조가 있는 것이 일반적이다.

타원은하는 모양이 단순한 것이 특징인데 솜브레로은하(M104)처럼 타원은하인지 나선은하인지 구분이 모호한 것도 있다. 은하 중에는 충돌하는 모습을 보이는 것도 있으며, 생쥐은하(NGC 4676)가 그런 경우다. 생쥐은하에서 바깥으로 뻗어 있는 꼬리는 충돌의 여파로 생긴 것이다.

은하의 모든 순간

처음 은하를

관측한

우리 천문학자의

코스모스

은하의 모든 순간

안홍배 지음

위즈덤하우스

팽창하는 우주는 특별한 중심이 없다.
인류의 역사에서 인간만이 우주의 중심에 있다는 생각에서 나온
모든 사유는 의미가 사라진다.

우주의 기본 구성 요소인 은하의 다양한 특성과 공간 분포는 우주 모형의 관측적 검증에서 중요한 역할을 한다. 《은하의 모든 순간》은 20세기부터 21세기로 이어지는 격변의 시기에 새로운 천문학적 발견을 통해 표준우주론에 도달한 인류의 여정을 상세히 소개한다. 또한 대한민국 천문학의 발전을 주도한 제1세대 은하 연구자인 저자는 학문적 성장 과정, 국내외 천문학자들과 교류한 경험을 흥미롭게 풀어놓았다. 우주의 신비에 이끌려 평생 은하 연구에 전념했던 천문학자의 삶을 통해 우주로의 특별한 여행을 떠나본다.

_강혜성(천체물리학자, 부산대학교 지구과학교육과 교수)

천문학은 인류 역사상 가장 오래되었으며 동시에 끊임없이 발전하고 진화하는 학문이다. 안홍배 교수는 평생을 천문학, 특히 은하 연구에 헌신한 천문학자로서, 이 책을 통해 천문학의 역사와 현재 그리고 그 미래까지 아우르며 알기 쉽게 설명한다. 많은 이가 《은하의 모든 순간》을 통해 끝없이 펼쳐진 우주를 깊게 이해하고, 우리가 사는 우주를 새로운 시각으로 바라볼 수 있는 소중한 통찰을 얻길 바란다.

_김도형(블랙홀 관측천문학자, 부산대학교 조교수)

부산대학교에서 병역특례연구원으로 일하며 처음 뵈었던 안홍배 교수님의 첫인상은, '말이 생각의 속도를 미처 따라가지 못하는 분'이었다. 언제나 열의에 차 작은 일에도 들떠 계신 모습은 마치 생일 선물을 뜯기 직전의 소년 같았다. 그 후 30여 년이 지난 지금까지도 한결같은 그에게 '댕댕미'를 가지셨다고 하면 실례일까….

_김성수(천체물리학자, 경희대학교 우주과학과 교수)

안홍배 교수는 내가 아는 가장 열정적이고 천문학적인 과학자다. 이 책은 역사 이전부터 밤하늘을 보았던 인류가 점차 더 좋은 도구를 사용해 지금까지 우주를 관찰해온 과정을 되짚는다. 하나씩 밝혀낸 우주에 대한 비밀, 인류의 지적 여정을 저자 자신의 과학 여정에 겹쳐 설명하면서 연구를 사랑하는 사람의 즐거움을 잘 보여주고 있다.

_박명구(천체물리학자, 경북대학교 교수, 전 한국천문학회장)

찬란한 밤하늘이 주는 경외심에 이끌려 평생 천문대에 올라 천체를 관측하며 한국 천문학을 이끌어온 천문학자 안홍배 교수. 외부은하 연구 현장의 최전선에서 치열하게 고민하며 우주의 난제에 도전한 그가 지난 100여 년간 이루어진 천문학의 발전을 생생하게 기술한 책이다. 한국의 현대 천문학이 아무것도 없이 시작하여 세계적 수준에 오를 때까지의 감동적인 과정을 직접 진술한 소중한 역사서이기도 하다. 또한 신비로운 우주를 들여다보듯이 두근거리는 마음으로, 그의 학문적 여정과 열정의 세계를 펼쳐 볼 수 있는 사랑스러운 책이다.

_박창범(우주론 이론천문학자, 고등과학원 석좌교수)

천문학 이야기를 하실 때면 빛이 나는 안홍배 교수님은 공정과 바름, 선한 학자의 모습 그대로를 간직하신 분이다. 학생들의 이야기를 경청하시고, 납득이 안 되더라도 최대한 이해하고자 고심하신다. 맞닥뜨린 문제를 하나하나 해결해나가시는 모습에서, 사고의 깊이와 넓음이 남다름을 엿보게 된다. 은하 연구를 비롯해 학회 활동, 후학 양성, 우리나라 천문학 교육에 대한 고민 그리고 부산대학교 부총장을 역임하시며 안홍배 교수님이 지키고자 하신 자율성과 민주주의의 가치 등은 두고두고 곱씹으며 배울 점이라고 생각한다. 반짝이는 눈빛에 고개를 들지 못했던 적도 있고, 그의 열정에 감동하고 반성도 했다. 반짝임을 간직하며 노력하시는 모습을 보면, 존경한다는 말 한마디로는 다 표현할 수가 없다. 우주에 관한 궁금증을 교수님과 함께, 계속 풀어갈 수 있기를 바란다.

_서미라(은하 관측천문학자, 부경대학교 및 한국과학영재학교 강사)

안홍배 교수는 우리나라 관측천문학의 태동과 함께하면서도 은하 연구를 향한 열정으로 새로운 도전을 거듭해 세계적인 성과를 이루어냈다. 이번에 그의 경험으로 쓰인 우리나라 은하 천문학의 발전사가 책으로 출간되어 기쁘다. 그리고 발전 단계마다 노력한 이들이 기억될 수 있어서 참 반가운 마음이다. 예전에 은하 분석 도구를 배우기 위해 찾아뵈었을 때, 반기시며 긴 시간 지도해주신 기억이 난다. 안홍배 교수의 온화한 성품과 긍정적인 시각은 삶을 임하는 자세에도 큰 귀감이 된다.

_손정주(별 관측천문학자, 한국교원대학교 교수)

다양한 분야에 대한 관심과 방대한 지식, 그리고 따뜻한 미소로 안홍배 교수를 기억한다. 은퇴 후에도 논문을 위한 코딩과 계산을 직접 수행하는 영원한 현역 연구자이기도 하다. 천문학의 불모지에서 평생 학문에만 전념해온 이의 이야기는 그 자체로 큰 울림과 감동을 준다.

_이강환(간헐적 천문학자, 서울대학교 물리천문학부 겸임교수)

안홍배 교수는 우주에서 가장 열정이 넘치는 천문학자다. 이 책은 저자가 산을 즐기면서 은하와 함께한 여정의 기록이라고 할 수 있다. 세계 천문학의 전개와 더불어 우리나라 현대 천문학의 발전 과정을 잘 보여준다. 우주의 신비에 관심을 가진 사람들에게《은하의 모든 순간》을 적극 추천한다.

_이명균(관측우주론 천문학자, 서울대학교 물리천문학부 명예교수)

안홍배 교수는 산을 무척 좋아한다. 네팔 카트만두에 있는 야크앤드예티 호텔에서 등반을 준비하던 그를 우연히 만난 기억이 새록새록 하다. 어쩌면 그의 인생은 천문학이라는 거대한 산에 오르려는 '우주알피니스트'의 여정 그 자체인지도 모른다. 이제 안홍배 교수가 천문학의 거대한 산에 올랐다가 내려오면서, 배우고 겪은 일을 사람들에게 풀어놓으려 한다.《은하의 모든 순간》은 말하자면 안홍배의 하산기다.

_이명현(천문학자, 과학책방 갈다 대표)

천문학은 꽤나 낭만적으로 보이지만, 데이터와 씨름하고 팍팍한 일상을 버텨야 하는 천문학자의 삶은 꼭 그렇지만은 않다. 그럼에도 불구하고, 안홍배 교수님은 진정한 낭만주의 천문학자라 할 수 있겠다. 그를 떠

올리면 가장 먼저 '이거 정말 재미있지 않아?' 하는 듯한 표정이 생생하게 다가온다. 그래프를 그려서 찾아뵐 때면 자료를 해석하시다가 늘 "이거 정말 재미있는데? 그렇지 않아? 차 한잔 마시자"고 하셨다. 그 시절 나의 연구를 돌아보면 '그렇게나 재미있을 일인가?' 하는 생각에 웃음이 난다. 덕분에 교수님께 즐겁게 연구하는 유전자를 물려받았다. 그리고 '교수님의 학문 유전자까지 물려받았는데, 더 멋지게 연구해야 하지 않겠어?' 하고 열의를 다져본다.

_이윤희(천문학자, 경북대학교 지구시스템과학부 연구교수)

아무도 가지 않은 길, 사람들은 대부분 그런 길을 가길 꺼려 하는 경향이 있다. 그렇지만 많은 천문학자는 남이 가지 않는 길을 즐기며 간다. 안홍배 교수님은 그런 천문학자들 중에서도 맨 앞에 계셨던 분이다. 천문학자로서 그의 여정이 낱낱이 녹아 있는 이 글을 보니 함께했던 옛 생각이 난다. 책의 전반에 걸쳐 은하 천문학 연구의 근대 역사가 도전적이었던 한 천문학자의 탐구 역사와 어울려 흥미롭게 전개된다. 일반 독자들에게는 천문학자의 탐구자적인 일생을 통해 우주탐사의 대리 만족을 주고, 젊은 천문학도들에게는 자신의 길에 도전의 마음을 던져주는 길잡이 책이 되지 않을까 생각한다. 왠지 오늘 밤은 오랜만에 집에 오는 딸들과 함께 안드로메다를 보러 나가게 될 것 같다.

_이창원(별생성 천문학자, 한국천문연구원 책임연구원, UST 교수)

물리학에서 출발하여 중성자별과 중력파를 연구한 탓에 자연스럽게 안홍배 교수를 만났다. 학문으로 시작된 인연이었지만, 이제는 믿고 의

지하는 산행 동료이자 인생의 선배가 되었다. 그와 함께한 '가벼운' 첫 산행을 기억한다. 길을 따라 이어지는 반나절의 산행에 익숙한 내게 아침부터 해 질 녘까지 이어진, 가끔씩은 길을 벗어난, 산행의 '가벼움'은 너무나 낯설었다. 한 달에 하루쯤 나를 위해 다른 삶을 살 수 있다는 것을 깨닫게 해준 소중한 경험이었다. 덕분에 이제는 삶의 중요한 순간마다 산을 걷는 나를 발견하곤 한다.

천문학뿐 아니라 그의 삶을 담은 책 집필 소식도 종종 들었다. 모든 것을 내려놓고 같이 간 산행이었기에, 천천히 걸으며 책에 담길 우주와 물리 이야기도 하면서 많은 배움을 주고받은 소중한 시간이었다. 2024년 겨울, 눈 쌓인 산을 타던 도중 방문한 소백산천문대는 천문학자로서의 안홍배 교수를 다시 한번 각인시켜주었다. 독자들 또한 책 속에서 천문학 지식뿐 아니라 천문학과 함께한 저자의 삶을 엿볼 수 있기를 희망한다. 영남알프스를 함께 걷고 있는 그를 상상하면서.

_이창환(이론천체물리학자, 부산대학교 교수)

안홍배 교수는 내가 천문학을 하면서 가장 가까이 지낸 선배다. 대학원 2년을 같이 다녔을 뿐 아니라 외국에서 공부하고 처음으로 대학에 자리 잡은 것도 안홍배 교수가 재직하던 부산대학교였다. 《은하의 모든 순간》은 그의 40년 넘는 연구 역정이 최근 이루어진 우주에 대한 놀라운 발견과 함께 그려진, 그야말로 아름다운 책이다. 학문적 열정과 동료들과 함께한 여정을 이렇게 생생하게 기록한 그에게 경의를 표하지 않을 수 없다.

_이형목(이론천체물리학자, 서울대학교 명예교수)

코로나19가 터지기 전, 2019년 변광성 학회에서 우리은하 면에 있는, 거리를 구하는 지표가 되는 세페이드 변광성의 분포를 보니 양쪽 끝이 휘어진 모습이 뚜렷했다. 문득 안홍배 교수님 생각이 났다. 분광기로 은하를 관측하러 보현산천문대를 찾았을 때 대부분의 은하가 휘어진 분포를 보일 거라는 이야기를 들은 지 20년이 훌쩍 넘었는데, 실제 별의 거리를 측정하니 그 모습을 보인 것이다. 은하 이야기는 그 기원부터 모든 게 바뀌고 있으며, 우리는 점점 더 잘 알게 되었다. '은하' 하면 생각나는 교수님의 오랜 연구 결과가 새로운 이야기로 탄생했다니, 정말 반가운 일이다.

_전영범(천문학자, 한국천문연구원 보현산천문대 책임연구원)

20년 전 대규모 은하 지도를 만드는 슬론디지털천구탐사에 국내 천문학자들이 공동으로 참여하게 되면서 은하 관측 전문가인 안홍배 교수님을 만나게 되었다. 은하의 모양은 은하 형성에 대한 많은 비밀의 문을 여는 마스터키 같은 것이다. 마스터키를 갖기 위해서 당시 수많은 은하를 컴퓨터 화면으로 하나하나 살펴보며 모양에 따라 나누는 기초적인 작업을 교수님과 함께했다. 압도적인 은하의 개수에도, 은하가 보여주는 너무나 다양한 모습에 지루해할 틈도 없이 흥분하시던 모습이 생생하다. 스무 살 청년보다 더 뜨거운 열정을 놀랍게도 여전히 가지고 계신 안홍배 교수님이, 내가 본 그 어떤 멋진 은하보다 근사하다.

_최윤영(은하천문학자, 경희대학교 우주탐사학과 교수)

20여 년 전, 안홍배 교수님이 학과에 은하 시뮬레이션 관련 세미나를 하러 오셨을 때 처음 뵈었는데, 그 순간이 잊히지 않는다. 우리나라에도 관측과 시뮬레이션을 모두 연구하는 전천후 천문학자가 있다는 사실에 깜짝 놀랐던 것이다. 그 이후 교수님과 함께 은하 연구도 하고, '천문학 백과사전'도 같이 만든 좋은 기억만 가득 남아 있다. 아마도 그가 끊임없는 열정과 긍정적인 에너지로 항상 등불 같은 존재가 되어주었기 때문일 것이다.

_황호성(천문학자, 서울대학교 물리천문학부 교수)

　우리는 밤하늘을 보면 경외를 느낀다. 더구나 수많은 별이 쏟아지는 캄캄한 밤하늘 아래서라면 누구라도 숙연해지지 않을 수 없다. 밤하늘에서 볼 수 있는 장관 중에 압권은 뭐니 뭐니 해도 은하수다. 지금은 우리나라에서 은하수를 보려면 경상북도 영양이나 강원도 정선 등 외진 곳으로 가야 하지만, 내가 대학을 다니던 1970년대만 하더라도 어디서나 만날 수 있었다.

　천문학을 하게 된 계기 중 하나도 어느 봄날 화성을 보기 위해 학교 옥상에 올라가서 마주친 밤하늘의 신비로움이었다. 대학에서 천문학을 전공하니 우주에 대해 모르는 것이 너무나 많음을 알게 되었다. 우주가 별로 이루어진 줄 알았는데 그렇지 않았다. 우주적 규모에서 별은 보이지 않고 은하가 우주의 기본 구성체였다. 그렇다 보니 별보다는 은하에 더 관심이 갔는데 결국 대학원에서 은하를 전공했다. 마침 국립천문대(한국천문연구원의 전신)가 소백산에 구경 61센티미터 망원경을 갖춘 천문대를 건설해 은하를 관측할 수 있게 되었고, 나의 관측이 우리나라에서 이루어진 최초의 은하 관측이 되었다.

　은하수를 두고 서양에서는 우유색 길이라 부르고, 동양에서는 은빛 강이라 불렀지만 우린 은하수가 별이 중첩되어 보이는 현상이라는 것을 알고 있다. 갈릴레오 갈릴레이가 발명한 천체망원경 덕분이다. 이 은하수를 보고 우주의 구조를 꿰뚫어 본 사람이 있다. 18세기 독일의 철학자 이마누엘 칸트다. 그는 은하수로부터 우리은하의 모습을 유추했을 뿐 아니라 우리은하는 우주 전체가 아니라 하나의 섬우주에 해당하고, 이러한 섬우주가 무수히 많아 우주를 이루고 있다고 했다.

천문학은 우주가 어떻게 시작하여 오늘날의 모습으로 진화했는지를 밝히는 학문이다. 20세기 초에 우리은하는 우주 전체가 아니라 셀 수 없이 많은 은하 중 하나라는 것을 알게 되었고, 은하로 된 우주가 팽창하고 있음을 알았다. 팽창하는 우주는 특별한 중심이 없다. 지구중심설도 태양중심설도 다 의미가 없는 것이다. 인류 역사에서 인간만이 우주의 중심에 있다는 생각으로부터 나온 모든 사유는 의미가 사라진다.

팽창하는 우주는 시작이 있다. 이를 처음으로 통찰한 사람은 벨기에의 가톨릭 신부이자 천문학자인 조르주 르메트르다. 영사기를 거꾸로 돌리듯이 팽창을 거슬러 올라가면 우주가 점점 작아지고 결국에는 우주의 모든 물질이 한곳에 모이게 된다. 르메트르는 이를 원시 원자라고 불렀으며, 우주가 대폭발로 시작했다고 생각했다. 이것이 빅뱅우주론 또는 대폭발우주론의 원형이다.

우주가 시작이 있고 유한하다는 데 모든 사람이 동의하는 건 아니다. 많은 이가 우주는 변하지 않는 모습으로 영원히 존재해왔다고 믿었다. 정상우주론은 이러한 믿음에서 나와 빅뱅우주론과 경쟁했으나 우주배경복사가 발견되면서 빅뱅우주론의 승리로 끝났다.

천문학은 은하를 관측해 우주의 구조와 진화를 연구하지만, 모든 연구가 관측으로만 이루어지는 것은 아니다. 관측된 현상을 설명하는 수치 모형실험도 있고, 순수한 이론적 연구도 있다. 특히, 우주의 진화를 연구하는 기본 틀은 아인슈타인의 일반상대성 이론에서 제시한 장방정식이다. 장방정식은 공간의 특성과 물질의 관계를 기술하며, 이 방정식을 풀면 우주가 어떤 모습으로 진화하는지 알 수 있다. 러시아의 알렉산드르 프리드만은 우주가 균질하고 등방적이라는 우주원리를 가정하여 장방정식을 풀었고, 공간의 곡률에 따라 닫힌 우주, 평탄 우주, 열린 우주의 세 가지 경우로 진화할 수 있음을 보였다.

현대 천문학의 핵심 화두 중 하나인 암흑물질의 존재를 인지한 것은 1930년대지만, 그 존재를 받아들인 것은 1970년대 후반이다. 베라 루빈의 광학 관측과 앨버트 보스마의 전파 관측으로 확인된 나선은하의 편평한 회전 곡선을 설명하기 위해서는 은하의 바깥 영역에 암흑물질이 있어야 했고, 결국 우주를 이루는 물질의 대부분이 암흑물질이라는 것을 알게 되었다.

암흑물질의 정체는 아직 모른다. 이 때문에 암흑물질이 무엇인지 밝히는 것이 21세기 천문학의 최대 과제가 되었다. 21세기로 진입하기 직전, 초신성 관측으로 우주가 과거의 어느 시점부터 점점 더 빠르게 팽창해왔다는 것을 알 수 있었다. 이러한 가속 팽창을 위해서는 척력을 주는 에너지가 필요한데, 아직 그 정체를 몰라 암흑에너지라 부른다. 결국 천문학의 발달로 우주에 대한 이해가 깊어질수록 우리가 모르는 물질과 에너지로 우주가 이루어져 있음을 알게 된 것이다. 가히, 지식의 암흑 시대다.

20세기 중반에 태어나서 은하를 연구하는 천문학자가 된 것은 축복이다. 별처럼 보이나 은하보다 더 많은 빛을 내는 퀘이사, 일반상대성이론에서 예측한 중력렌즈 현상인 이중 퀘이사와 호 모양으로 길쭉해진 은하, 비어 있는 영역인 빈터와 초은하단으로 이루어진 우주의 거대구조, 암흑물질과 우주 가속 팽창, 은하의 핵에 있는 초대질량블랙홀의 관측 등 20세기 후반에서 21세기 초에 이루어진 발견의 시대를 함께 호흡할 수 있었기 때문이다.

운 좋게도 은하를 연구하게 되었지만 내가 알아낸 것은 많지 않다. 다만, 은하를 통해 우주를 이해하기 위해 부단히 몸부림쳤고, 그 과정에서 많은 동료와 교류하며 앎의 깊이와 폭을 넓혀갔다. 내가 만난 사람 중에는 직접 마주해 대화를 나눈 이들도 있지만 논문을 통해서만 접할 수 있었던 분이 더 많다. 그러나 모든 만남이 다 소중했다. 나는 이 책을 통해 내 인생의 여정에서 헤쳐온 은하의 숲을 여러분과 함께 걸으려 한다. 평범한 그러나 호기심이 넘치는 학자가 밟아온 길에 여러분을 초대한다.

2024년 4월 수영강변에서
중산 안홍배

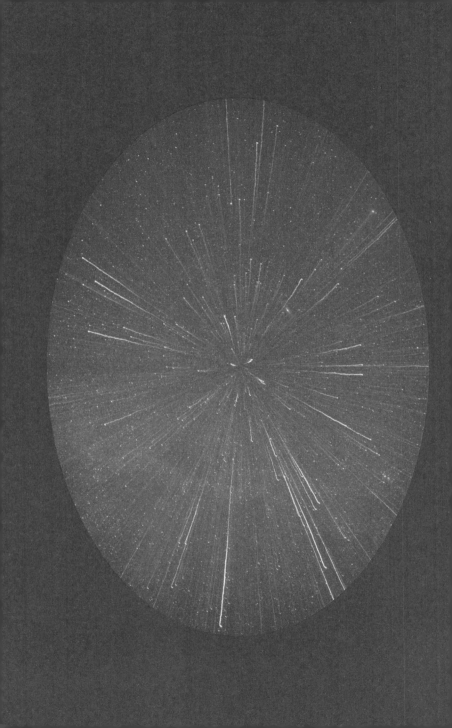

1부

발견의 시대

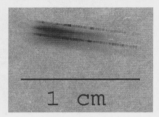

◀ **NGC 4594의 스펙트럼** (p. 34)
윌슨산천문대의 피즈가 1916년 관측한 것이다. 수평 방향이 파장이고, 수직 방향이 은하 중심으로부터 떨어진 거리인데, 흡수선이나 방출선의 위치가 기울어져 나타난다.

◀ **슬리퍼가 관측한 안드로메다은하의 스펙트럼** (p. 35)

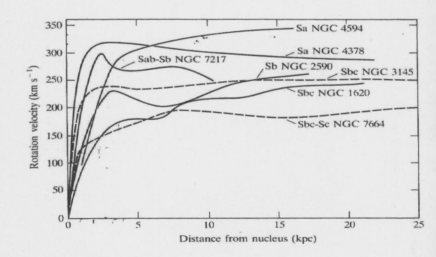

▲ **나선은하의 회전 곡선** (p. 36)
루빈과 동료들이 관측한 나선은하 7개는 모두 편평한 회전 곡선을 보여주어 이것이 나선은하의 일반적 특성임을 알게 되었다.

▲**허셜의 우주 모형** (p. 40)
별의 밀도 분포의 중심이 태양의 위치이고 긴 축 반경이 10킬로파섹인 타원체다.

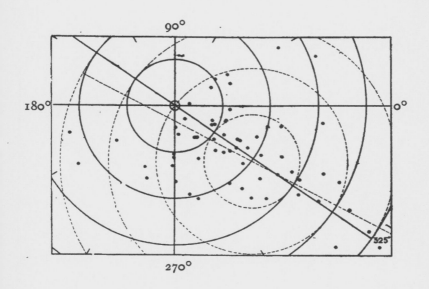

▲**섀플리가 관측한 구상성단의 분포** (p. 42)
태양의 위치는 실선으로 그린 원들의 중심에 해당하고, 은하계의 중심은 점선의
중심이다. 태양은 은하 중심에서 20킬로파섹 거리에 있다. 태양의 위치에서 직교
하는 직선은 은하 경도의 방향을 나타낸다. 구상성단은 은하 중심에서 60킬로파
섹 거리까지 관측되나 그림에는 그리지 않았다.

▲ 안드로메다은하의 1899년 사진 (p. 54)

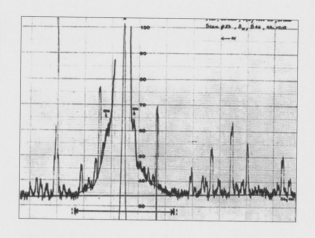

▲안드로메다은하의 광도 분포 (p. 56)
1957년 드 보쿨뢰르가 로웰천문대의 53센티미터 망원경에 UBV 측광계를 붙여 관
측한 것이다.

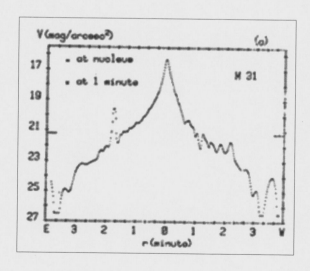

▲안드로메다은하의 광도 분포 (p. 60)
소백산천문대의 61센티미터 반사망원경에 서울대학교 UBV 측광계를 붙여 관측
했다. 국내에서 수행된 최초의 은하 관측이다.

최초의 은하 관측

새로운 천체의 목록

우린 은하라는 영어 단어를 스마트폰의 이름으로 사용하는 시대에 살고 있다. 그러나 100년 전만 하더라도 은하는 발견되지 않은 천체다. 그렇다고 은하가 관측되지 않은 것은 아니다. 20세기 이전에도 이들의 존재는 알았으나 그것이 무엇인지는 몰랐다.

밤하늘에 별과는 다른 천체가 있다는 것을 인지하고 이를 최초로 정리한 사람은 프랑스 천문학자 메시에Charles Messier다. '혜성 사냥꾼'이라 불릴 만큼 혜성 관측으로 유명한 메시에는 구경 10센티미터의 굴절망원경을 이용해 혜성을 찾는 과정에서 별처럼 보이지는 않으나 혜성과는 다른 천체가 있다는 것을 알게 되었다. 혜성은 여러 날 관측하면 별 사이를 이동하는 모습을 볼 수 있는데 그렇지 않은 천체가 있었던 것이다.

혜성의 꼬리는 지구에 근접한 후에 나타나기 때문에 혜성을 다른 사람보다 먼저 발견하기 위해서는 멀리 있을 때부터 관측해야 한다. 꼬리가 생기지 않을 정도로 멀더라도 이들은 행성처럼 별 사이를 이동하기 때문에 식별이 가능하다. 메시에는 별이 아닌 천체를 찾아서 여러 날 관측했으나 위치가 변하지 않아 허탕을 치는 경우가 빈번해지자 이들을 정리해 혜성 관측 때 혼동을 피하려 했다. 이렇게 해서 탄생한 것이 '메시에 목록'이다. 1774년 발간된 초판에는 45개의 천체가 실렸고, 1780년에는 80개로 늘어났으며, 1781년 출간된 최종판에는 103개가 수록되었다.

천문학자들은 최종판 이후 메시에나 그의 동료인 메샹Pierre François André Méchain이 관측한 7개의 천체를 더 찾아 메시에 목록에 추가했고, 총 110개가 메시에 천체로 불린다. 안드로메다은하를 예로 들면, 이 목록에 31번째로 등재되어 M31이라고 한다. 그의 목록은 지금도 천문학자들의 사랑을 받고 있으며, 아마추어 천문가들은 일단 메시에 목록의 천체를 관측하는 것으로 활동을 시작한다.

메시에가 취미로 혜성 관측을 했다면, 메시에보다 8년 늦게 태어나 거의 동시에 활동했던 허셜William Herschel은 전문적인 천체 관측을 수행해 1786년 '성운과 성단의 일반 목록General Catalogue, GC'에 1,000개의 천체를 수록했다. 그 후 몇 번의 개정을 거쳐 1820년에는 GC에 수록된 천체의 수가 5,000개에 달했다. 19세기 후반 그의 아들인 존 허셜John Herschel은 남반구 천체를 관측하여 GC에 포함시켰고, 1888년 드레위에르John Louis Emil Dreyer는 천체를 더 추가하여 7,840개에 이르는 '성운과 성단의 새로운 일반 목록NGC'으로 개칭했다. 그 후 드레위에르는 NGC에 수록되지 않은 별이 아닌 5,386개의 천체를 정리하여 인덱스 목록IC을 만들어 NGC를 보완했다. 여기 수록된 천체에는 성단이나 성운도 일부 있지만 대부분은 은하이니, 우리가 정체를 몰랐을 뿐이지 은하 연구는 이미 18세기에 시작되었다고 볼 수 있다.

성운과 성단의 일반 목록을 최초로 만든 허셜은 행성 애호가들에겐 천왕성을 발견한 것으로 유명하지만, 그는 역사상 가장 다양한 재능을 보인 사람이기도 하다. 독일 태생의 영국 천문학자로

음악에 조예가 깊어 오보에, 바이올린, 하프시코드, 오르간 등을 독주하거나 오케스트라의 단원으로 연주했을 뿐 아니라 악단을 지휘했다. 작곡에도 뛰어나 교향곡 24편을 포함해 협주곡, 교회 음악 등 많은 곡을 남겼다. 이 중 6편의 교향곡은 2002년 바메르트Matthias Bamert 지휘로 런던 모차르트 플레이어스에 의해 녹음되었다.

허셜은 망원경을 직접 제작해 멀리 있는 천체의 탐사에 나섰다. 그가 만든 구경 126센티미터 반사망원경은 그 당시로는 가장 큰 망원경이었다. 허셜은 이 대구경 망원경의 광학 정밀도에 만족할 수 없어 15센티미터, 50센티미터 등 다양한 구경을 만들어 사용했다. 망원경에서 가장 어려운 일이 거울을 만드는 것인데, 허셜은 거울까지 스스로 제작하는 열성을 보였다. 이 작업에 그의 가족도 동원되었고, 특히 그의 누이인 캐럴라인 허셜Caroline Herschel의 기여가 컸다.

캐럴라인은 허셜의 보조 역할도 했지만 자신의 관측을 즐겨 새로운 천체를 발견하기도 했다. 허셜은 캐럴라인에게 수직 방향으로 움직이며 볼 수 있는 손잡이가 달린 50센티미터 뉴턴식 반사망원경을 만들어주었고, 그녀는 이 망원경으로 안드로메다성운에 딸린 M110을 발견했다. 캐럴라인은 거의 매일 밤하늘을 보았으며, 1786년과 1797년 사이에 8개의 혜성을 발견하거나 관측할 수 있었고, 14개의 새로운 성운을 찾아냈다. 그 외에도 허셜의 권유로 별의 위치를 기록한 플램스티드John Flamsteed의 작업을 갱신하여 좌표를 수정했고, 이 과정에서 560개의 새로운 별 좌표를 플램스티드 목록에 첨가했다. 이러한 작업으로 캐럴라인은 1828년 영국 왕립천문학회상을 받았다. 캐럴라인 허셜은 최초의 여성 천문학자인 셈이다.

허셜의 우주 모형

은하 연구의 물꼬를 튼 허셜의 업적은 성운과 성단의 일반 목록을 만든 것에 국한되지 않는다. 천왕성을 발견했고 토성의 위성도 몇 개 찾았으며, 특히 이중성 관측에 많은 시간을 들여 수백 개에 달하는 이중성 목록을 만들었다. 그가 관측한 이중성 대부분이 물리적으로 상호 작용하는 쌍성으로 드러나 허셜의 관측이 얼마나 정확하게 이루어졌는지를 알 수 있다.

허셜의 천문학 업적은 다 나열하기 힘들지만 그중 빼놓을 수 없는 것이 별세기로 구한 우리은하의 구조다. 그는 모든 별이 같은 광도를 가진다고 가정하고, 거리 지수(겉보기등급 m과 절대등급 M의 차이로 정의하며, 이로부터 거리 r을 구할 수 있다. 자세한 것은 부록 참고)와 겉보기등급으로부터 별까지의 거리를 구해 흔히 '허셜 우주 모형'이라 부르는 것을 만들었다. 그가 만든 모형의 특징은 우주가 원반 형태이고 태양이 별 분포의 중심 근처에 있다는 것이다. 그러나 20세기 대논쟁의 주역인 섀플리Harlow Shapley에 의해 태양의 위치는 우리은하의 중심에 있지 않고, 중심으로부터 6만 광년 정도 떨어진 변방에 있다는 것으로 수정되었다(2000년 이후 관측된 은하 중심으로부터 태양까지의 거리는 대략 2만 6,000광년이다).

　　허셜이 제시한 우주 모형은 많은 조명을 받으며 이를 검증하기 위한 관측도 수행되었다. 대표적인 것이 덴마크 천문학자인 캅테인Jacobus Cornelius Kapteyn이 추진한 남반구와 북반구 전체를 아우르는 별세기다. 캅테인의 노력은 20세기 초에 결실을 거두어 허셜의 모형을 다소 개선할 수 있었으나 태양이 우주의 중심에 놓이는 등 본질적인 차이는 없었다. 이처럼 허셜이나 캅테인의 관측에서 태양이 우주의 중심에 있는 것은 이유가 있다. 별빛은 우주 공간을 지나오며 성간 먼지에 흡수되거나 산란되어 흐려지는데, 당시에는 성간 먼지가 있는지 몰라 이 현상을 무시하고 별들의 거리를 측정했기 때문이다. 허셜-캅테인 우주 모형에서 태양이 우주의 중심에 있는 것처럼 보인 이유를 알게 된 것은 1930년대 초 트럼플러Robert Julius Trumpler가 성간 먼지의 존재를 발견한 뒤였다.

　　다음 장에서 다룰 대논쟁의 당사자인 섀플리는 주로 은하의 바깥 부분인 헤일로에 있는 구상성단을 이용해 우리은하의 크기를 연구했다. 다행히 헤일로에는 성간 먼지가 적어 소광이 덜 일어나고, 이 때문에 구상성단의 거리를 비교적 정확하게 구할 수 있었다. 구상성단은 수만 개 이상의 별이 모인 집단이므로 별과는 비교할 수 없이 무거운 천체이고, 이들의 분포 중심이 바로 우리은하의 중심에 해당한다. 이렇게 구한 우리은하의 중심은 궁수자리 방향으로 태양에서 약 6만 광년 떨어진 거리에 있었다. 즉, 태양은 그당시 우주라 생각했던 우리은하의 중심에 있지 않고, 중심으로부터 상당히 멀리 떨어진 변방의 별이 된 것이다.

이는 코페르니쿠스에 의해 밝혀진 우주의 중심이 지구가 아니라 태양이라는 우주 모형의 변화 못지않은 사고의 전환을 가져왔다. 우리의 위치가 더 이상 우주의 중심에 가까이 있지 않은 것이다. 다음에 이야기할 좀 더 혁신적인 우주 모형인 팽창하는 우주에서는 우주의 중심이라는 개념이 아예 없다. 이러한 새로운 우주 모형을 가져온 최초의 관측은 미국의 천문학자 슬리퍼Vesto M. Slipher에 의해 시작되었다.

우리은하를 넘어서

은하 회전 곡선의 관측

슬리퍼는 로웰천문대의 61센티미터 굴절망원경에 분광기를 달아 우주론을 획기적으로 바꿀 중요한 두 가지를 찾아냈다. 하나는 당시 나선성운으로 불렸던 나선은하가 회전하고 있는 천체라는 것이고, 다른 한 가지는 나선은하들이 우리로부터 멀어지고 있음을 발견한 것이다. 나선은하의 회전 현상은 슬리퍼의 관측 이후 60여 년이 지난 1970년대에 이루어진 본격적인 관측에 따라 암흑물질 발견으로 이어졌고, 은하의 후퇴 속도 자료는 몇 년 후 르메트르Georges Lemaître와 허블Edwin P. Hubble에 의해 우주 팽창의 발견으로 연결되었다.

나선은하의 회전은 18세기에서 19세기에 걸쳐 활동한 수학자이자 물리학자인 라플라스Pierre Simon Marquis de Laplace에 의해 이미 예견되었으나 누구도 이를 관측으로 확인하지 못했다. 슬리퍼는 그가 관측한 나선은하 NGC 4594의 스펙트럼이 기울어져 있는 것을 보고 NGC 4594가 회전하고 있음을 알게 되었다(나선은하의 중심부 부근에서는 거리가 증가할수록 회전속도가 빨라지는데, 이 때문에 어떤 특정 흡수선이나 방출선이 나타나는 파장을 연결하는 선을 그리면 이 선이 슬릿 방향에 대해 기울어지게 된다).

NGC 4594의 최초 스펙트럼은 1913년에 얻었으나 워낙 새로운 발견이라 이를 다시 관측하여 확인하느라 1914년에야 공개할 수 있었다. 이 역사적인 관측이 발표된 것은 로웰천문대의 회보였으며, 이 소식을 들은 유럽에서는 슬리퍼의 관측을 별도로 소개하기도 했다. 윌슨산천문대의 피즈Francis G. Pease는 1916년, NGC 4594의 스펙트럼을 1.5미터 반사망원경으로 관측하여 슬리퍼의 관측을 확인했다. 이때 스펙트럼의 노출 시간은 80시간이었으며, 3월에서 5월에 걸쳐 이루어졌다.

슬리퍼는 NGC 4594뿐 아니라 안드로메다은하의 스펙트럼에서도 은하의 회전을 볼 수 있었지만, 다른 은하의 경우 측면 방향으로 보이지 않으면 장축을 알 수 없어 은하의 회전을 볼 수 있는 스펙트럼을 관측할 수 없었다. 더구나 스펙트럼은 각 파장으로 분산된 빛으로 만들어지므로 은하에서 가장 밝은 중심부가 아니면 대부분의 경우 관측이 불가능했다. 이 때문에 슬리퍼는 나선은하 중심부의 스펙트럼을 관측하게 되었고, 관측된 방출선의 파장을 측정해 나선은하의 시선속도를 구했다. 시선속도는 천체의 운동 중 관측자의 시선 방향에 투영된 속도 성분을 말하는데, 천체가 멀어지면 파장이 길어져(적색이동) 양의 값이 된다. 이러한 관측으로부터 슬리퍼는 나선은하 대부분이 우리에게서 빠른 속도로 멀어지고 있는 것을 발견했지만 거리 자료가 없어 여기서 더 나가지는 못했다. 그럼에도 슬리퍼야말로 팽창 우주 발견의 숨은 주역인데, 르메트르나 허블이 우주의 팽창을 발견할 수 있었던 것은 슬리퍼가 관측한 나선성운의 시선속도 자료가 있었기에 가능했기 때문이다.

슬리퍼 이후 많은 사람이 은하의 스펙트럼을 관측했지만 스펙트럼 관측을 통한 은하의 회전 곡선 연구를 계승한 사람은 루빈Vera C. Rubin이다. 루빈 이전에도 은하의 회전 곡선을 얻으려는 노력은 있었으나 우리은하의 경우에는 태양 부근을 벗어나지 못했고, 외부은하의 경우에는 안드로메다은하를 제외하면 큰 진전이 없었다. 루빈은 스펙트럼 관측을 통해 우리은하의 회전 곡선이 광도 변화와 달리 바깥으로 갈수록 줄어들지 않고 거의 일정한 값을 유지하고, 안드로메다은하의 회전 곡선도 비슷한 특성을 보이는 것을 알 수 있었다. 이런 관측으로부터 루빈은 편평한 회전 곡선이 나선은하의 일반적 특성이 될 수 있다고 생각했고, 이를 확인하기 위해 회전 곡선 관측에 진력했다. 그 결과 1978년까지 7개 나선은하의 회전 곡선을 얻을 수 있었다.

　　루빈과 동료들이 관측한 나선은하 7개는 모두 편평한 회전 곡선을 보여주어 이것이 나선은하의 일반적 특성임을 알게 되었다. 편평한 회전 곡선은 은하의 바깥 부분에 많은 질량이 있을 때만 가능한데, 이는 은하의 표면 측광에서 구한 광도 분포로부터 유추한 질량 분포와는 완전히 다른 모습이었다. 안드로메다은하의 광도 분포에서 알 수 있듯이 많은 광량이 은하 중심 부근에 있고 바깥으로 나갈수록 급격하게 감소하는데, 질량 분포가 광도 분포를 따른다면 은하의 바깥 부분 회전속도는 거리가 멀어질수록 감소하므로, 관측된 회전 곡선과는 극명하게 다르다.

　　루빈의 관측과 비슷한 시기에 전파 관측으로부터도 나선은하의 회전 곡선이 편평하다는 것이 알려졌다. 1978년 보스마Albert

Bosma는 박사 학위 논문에서 전파망원경으로 25개 나선은하에 있는 중성수소의 운동을 관측하여 이 은하들의 회전 곡선을 구했고, 이로부터 은하의 회전 곡선이 모두 편평하다는 것을 알 수 있었다. 루빈은 1980년, 본인의 광학 관측과 보스마의 전파 관측에 힘입어, 나선은하의 가장자리에 암흑물질로 된 헤일로가 있거나, 뉴턴의 중력 법칙이 은하 규모에서는 수정되어야만 관측을 설명할 수 있다고 결론 내렸다.

원반 구조의 발견

나는 은하를 연구해온 천문학자이니 은하가 어떠한 과정을 거쳐 발견되었는지 확인하는 것은 중요했다. 이 때문에 1992년 1년 남짓 캐나다 빅토리아 도미니언천문대DAO의 방문 교수로 있을 때 도서관에서 관련 자료를 찾았고, 습득한 내용을 이형목 교수와 함께 저술한 《태양계와 우주》에 소개한 적이 있다. 당시만 하더라도 인터넷이 활성화되지 않았기 때문에 오래된 기록을 구하는 것이 쉽지 않았다. 지금은 마음만 먹으면 구글 등에서 검색하거나 천문학 논문 자료 사이트에서 과거의 논문을 거의 다 찾을 수 있어, 자세한 내용을 알 수 있다. 예를 들어 1920년 대논쟁이 일어난 배경이나 논쟁 당일의 발표 원고를 직접 볼 수 있는 것이다.

슬리퍼에 의해 안드로메다은하를 비롯하여 몇몇 나선은하의 회전 곡선이 관측되었으나 나선은하의 정체는 여전히 논란을 일으켰다. 성운의 정체가 궁금한 사람에는 18세기의 학자 칸트도 있었다. 그는 철학자로 널리 알려졌지만, 태양계의 기원을 설명하는 성운설과 우주의 구조를 추론한 섬우주설을 제안하여 우주의 이해에 크게 기여했다. 이는 칸트가 수학과 물리학에 정통했기 때문이다. 이 점은 그가 괴팅겐대학의 강사가 되었을 때 주로 물리학과 수학 강의를 한 것에서 알 수 있다. 섬우주설은 스웨덴의 철학자 스베덴보리Emanuel Swedenborg가 몇 년 앞서 제시한 적이 있으나, 스베덴보리의 제안이 철학적 고려가 주였다면, 칸트는 물리법칙에 기반하여 추론했다는 점에서 다르다.

칸트의 섬우주설은 그가 태양계의 기원을 설명하는 성운설을 제안한 뒤에 나왔으며, 각운동량(회전하는 물체의 회전운동의 세기) 보존 법칙에 대한 이해가 두 가설의 기저에 깔려 있다. 칸트의 시대에는 이미 케플러법칙으로 행성의 운동을 설명할 수 있었는데, 케플러법칙은 다음과 같이 요약된다.

모든 행성은 태양 주위를 타원궤도에 따라 운동한다(제1법칙).
면적속도가 일정하다(제2법칙).
공전주기 제곱이 궤도 긴반지름의 세제곱에 비례한다(제3법칙).

이러한 행성의 운동 특성과 함께, 모든 행성이 거의 같은 평면 위에 존재한다는 점을 고려하면, 태양계는 납작한 원반 구조라고 생각할 수 있었다. 이러한 원반 구조를 가지는 태양계를 자연스럽게 설명 가능한 생성 모형은 각운동량을 가진 성간 구름이 자체의 중력으로 수축하여 태양계가 만들어지는 것이다. 수축의 중심에 많은 물질이 모이고, 이로부터 태양이 형성되었다. 수축이 진행되면 각운동량 보존으로 회전축에 수직인 방향으로는 원심력이 커져 수축이 되지 않고, 회전축을 따라 수축이 일어나 원반을 만들게 된다.

행성은 원반에서 밀도가 큰 곳을 중심으로 다시 수축해 생성되므로 아마 질량이 가장 큰 목성이 먼저 만들어지고 지구나 화성 등은 뒤에 만들어졌을 것이다. 물론 칸트는 행성이 형성되는 순서를 이야기하지 않았지만, 행성이 원반에서 만들어져 태양 주위를 돌게 된다고 했다. 칸트의 성운설은 구체적인 부분을 제외하면 현대의 행성계 생성 시나리오와 잘 일치한다. 칸트는 이 내용을 자연사 연구 논문집에 싣고, 다음 과제로 우리은하의 구조를 숙고하게 되었다.

우리은하가 원반 구조라고 칸트가 유추한 단서는 의외로 간단하다. 밤하늘의 은하수가 띠처럼 보이는 모습에 주목한 것이다. 이는 우리가 있는 은하계가 원반 모양이며, 우리가 원반 안에서 원반을 보기 때문이라고 생각했다. 태양계가 성운에서 만들어져 원반처럼 납작하게 된 것과 비슷하게, 은하계도 큰 구름이 수축하여 만들어졌기 때문에 원반 모양이 되었다고 추론한 것이다. 칸트 이전에도 은하수를 본 사람은 무수히 많았지만 아무도 하지 못한 생각이었다.

사실 뉴턴 역학을 제대로 이해하는 사람은 누구라도 유추할 수 있는 것인데, 뉴턴을 포함하여 칸트 이전의 사람들이 우리은하의 모습을 추론하지 못한 건 할 수 없어서가 아니라 계기가 없었기 때문이리라. 칸트는 태양계 기원으로 성운설을 생각하여 이미 사고 훈련을 한 경험이 있고, 그 경험이 은하수를 보며 우리은하의 구조를 꿰뚫어 볼 수 있게 한 것이다. 물론 이러한 추론이 가능했던 것은 뉴턴 역학이 확립되어 천체가 어떻게 움직이는지를 알았고, 칸트가 각운동량 보존 법칙을 이해하고 있었기 때문이다.

칸트는 여기서 한 걸음 더 나아가 우리은하는 우주에 있는 수많은 섬우주의 하나라고 추론했다. 그가 이러한 추론에 이른 것은 어찌 보면 당연한 일이다. 왜냐하면 밤하늘에 무수히 많은 별이 있고, 그 별들이 모두 성운이 수축해 만들어졌듯이, 우주에는 은하로 수축할 수 있는 큰 성운이 하나만 있다기보다는 무수히 많다고 생각하는 것이 더 합리적이기 때문이다. 그렇지 않으려면 우리은하가 특별한 천체여야 하는데 우리은하가 특별하다고 가정하는 것이 과연 합리적일까.

칸트의 섬우주설과 섀플리의 반박

칸트의 섬우주설은 많은 반향을 불러일으켜 우주관에 큰 변화를 가져왔다. 우리은하가 우주에서 유일한 물질계인 경우와 그렇지 않은 경우의 우주관이 같을 수 없기 때문이다. 이로 인해 성운 관측이 활발해졌고, 허셜에 의해 별이 아닌 천체의 일반 목록이 만들어졌다.

칸테인이 우주 모형을 완성한 20세기 초에는 많은 사람이 섬우주설을 지지했으나 일부 학자들은 나선성운이 섬우주가 아니라 우리은하에 있는 천체라고 주장했다. 특히, 1916년 반 마넨Adriaan van Maanen이 M101에서 고유운동을 관측하자 섬우주설에 반대하던 사람들은 크게 환호했다. 고유운동은 천체가 1년 동안 천구에서 움직인 각거리(부록 참고)를 말하며, 고유운동이 관측되기 위해서는 천체가 가까이 있거나 매우 빠르게 움직여야 한다. 반 마넨이 M101에서 관측한 고유운동의 크기는 0.005각초였다. 만일 M101이 우리은하 밖에 있는 천체일 때 그러한 고유운동을 보이려면 M101에서 관측된 운동이 광속보다 빨라야만 하나, 물체가 광속보다 빠르게 움직일 수는 없으므로 M101이 섬우주가 아니라 우리은하의 천체라는 것이다.

반 마넨의 고유운동 관측 외에도 섬우주설에 불리한 관측 결과가 더 있었다. 섀플리가 구상성단을 관측하여 구한 우리은하의 크기도 그중 하나였다. 구상성단은 수만 개 또는 수십만 개의 별이 구형으로 분포하는 별의 집단이다. 성단의 별들이 분포하는 영역의 크기에 비해 구상성단까지의 거리가 훨씬 멀기 때문에 성단에 있는 모든 별의 거리가 같다고 가정할 수 있다. 이 특성을 이용하면 성단의 주계열(색-등급도에서 주계열성이 놓이는 위치. 부록 참고)을 관측해 거리를 구할 수 있다. 그러나 당시는 윌슨산천문대의 구경 2.5미터 망원경이 건설되기 전이었고, 사진측광이 유일한 관측 수단이라, 구상성단의 주계열은 너무 흐려 관측할 수 없었다. 이 때문에 주계열보다 밝은 거문고자리 RR형 별을 이용해 구상성단의 상대적인 거리를 구해야 했다.

구상성단에서 흔히 관측되어 성단 변광성으로 불리는 거문고자리 RR형 별은 맥동 변광성의 일종으로, 주기가 하루보다 짧으나 세페이드 변광성에서 관측된 주기-광도 관계(부록 참고)를 적용할 수 있다. 윌슨산천문대의 섀플리는 거문고자리 RR형 별과 세페이드 변광성의 주기-광도 관계를 이용해서 구상성단의 거리를 구하고 있었는데 그 결과가 심상치 않았다. 우선 구상성단 분포의 중심이 태양으로부터 궁수자리 방향으로 6만 광년 정도 떨어져 있어 태양이 우리은하의 중심이 아님을 보였다. 이것이 사실이면 대단히 중요한 발견으로, 지구중심설에서 태양중심설로의 전환을 가져온 코페르니쿠스적 전환에 버금가는 것이다. 왜냐하면 지구가, 또는 지구가 도는 태양이 우주의 중심에 있다는 생각을 더는 할 수 없고, 태양은 우리은하의 변방에 있는 평범한 별에 불과하다는 것을 받아들여야 하기 때문이다.

또한 구상성단의 분포로 본 우리은하의 크기가 그 전에 생각하던 것보다 10배 가까이 크게 나타나 그동안 섬우주 논란이 있었던 성운들이 모두 우리은하에 있는 천체일 가능성을 크게 높였다. 섀플리 본인의 관측과 함께 반 마넨의 고유운동 관측으로 확신을 가진 섀플리는 1919년 섬우주설에 반박하는 논문을 캐나다 《왕립천문학회지》에 게재했다. 섀플리의 섬우주설 반박은 섬우주설을 지지하는 사람들에게 큰 충격을 주었으나 그들은 쉽사리 섬우주설을 버리려 하지 않았다. 다른 몇몇 관측은 성운이 섬우주일 가능성을 강하게 암시하고 있었기 때문이다.

섬우주설을 지지하는 대표적인 근거는 바로 슬리퍼가 관측한 성운의 시선속도로서 관측된 후퇴 속도가 우리은하의 중력으로 붙잡아두기에는 너무 빠르다는 것이다. 섬우주설의 주요 지지자인 릭천문대의 커티스Heber Doust Curtis는 우리은하에서 관측된 신성의 광도로부터 성운에서 관측된 신성의 광도를 유추하여 나선성운의 거리를 구했다. 그 결과 신성이 관측된 나선성운이 섀플리가 제안한 우리은하의 경계보다 훨씬 바깥에 있어, 이들이 우리은하의 천체가 아니라고 생각했다. 더구나 그는 반 마넨이 고유운동을 관측한 성운의 사진 건판을 직접 측정해보았으나 고유운동을 발견할 수 없었고, 따라서 반 마넨의 측정에 오류가 있다고 판단했다.

이처럼 섀플리의 섬우주설 반박이 커티스 등 지지자들의 강력한 반발에 부딪치자 그 당시 미국천문학회장이던 헤일George Ellery Hale이 미국과학학술원에 섬우주설에 대한 토론 자리를 만들 것을 제안했다. 이 건의가 받아들여져 '섀플리-커티스 논쟁'이라고 불리는 20세기의 대표적인 토론이 벌어지게 되었다.

섀플리-커티스 논쟁

이 논쟁은 1920년 4월 26일 미국 스미스소니언 자연사박물관에서 이루어졌다. 토론 방법은 우리가 흔히 보는, 질문하고 답변하는 형태가 아니라 한 사람씩 정해진 순서에 따라 강연하는 것이었지만 미리 원고를 교환했기 때문에 충분히 상대방의 주장을 반박하여 자신의 주장을 펼칠 수 있었다. 재미있는 점은 섀플리는 논란의 여지가 있는 반 마넨의 고유운동 관측은 언급하지 않고, 그가 구한 구상성단의 거리가 얼마나 정확한지를 설명하는 데 초점을 맞추었고, 커티스도 다른 부분에 대한 공격보다는 섀플리가 사용한 세페이드 변광성의 주기-광도 관계 눈금이 정확하지 않아 이를 이용하여 구한 구상성단의 거리가 부정확함을 주로 부각했다는 것이다.

발표 자료는 1921년 5월에 미국과학학술원 연구위원회 회보에 실려 기록으로 남게 되었다. 이 토론은 내용의 중요성 때문에 '대논쟁'이라 불리는데, 섀플리는 은하의 중심과 은하계의 크기에서 우위를 지켰고, 커티스는 성운이 우리은하 밖의 천체임을 증명하는 관측 자료를 제시하여 성운이 섬우주라는 주장을 뒷받침했다. 논쟁이 생기게 된 배경이 섀플리가 섬우주설을 배척한 것에 기인함을 고려하면 실질적인 승자는 커티스였다. 섀플리는 그 뒤 하버드대학 천문대로 옮겨 미국 천문학계의 중심에서 활동하게 되었다. 섀플리가 논쟁에서 승리하지는 못했지만, 그가 발견한 태양이 우리은하의 중심에 있지 않고 변방에 위치한다는 사실은 인식의 전환을 가져온 중요한 발견이었다.

토론에서 명확하게 승부가 나지 않았지만 1922년 오픽Ernst Julius Opik이 은하의 회전 곡선을 이용하여 구한 안드로메다성운의 거리와 허블이 1924년 세페이드 변광성을 이용하여 구한 안드로메다성운의 거리로부터 안드로메다성운이 성운이 아니라 우리은하와 유사한 외부은하임을 알게 됨으로써 섬우주설을 둘러싼 논쟁은 종지부를 찍었다. 칸트의 추론처럼 우주는 무수히 많은 은하로 이루어져 있음을 알게 된 것이다. 허블은 몇 년 후 이러한 은하로 된 우주가 팽창하고 있음을 발견해 '팽창 우주'라는 우주론의 새 장을 열었다.

팽창 우주의 발견

은하 발견은 사실 이미 있는 천체의 정체를 밝힌 정도이지만, 섬우주론 대논쟁 덕분에 이 자체도 중대한 사건으로 다루어졌다. 그러나 우주론에서 더욱 중요한 것은 은하 발견 후 몇 년 지나지 않아 르메트르와 허블에 의해, 우주가 팽창하고 있음을 발견한 것이다.

르메트르와 허블은 슬리퍼가 은하의 후퇴 속도(V)와 은하까지의 거리(D) 사이에 $V = H \cdot D$의 비례관계가 성립한다는 것을 알았다. 여기서 V와 D의 단위는 각각 km s^{-1}와 Mpc이고, H는 허블상수로서 km s^{-1} Mpc^{-1} 단위로 나타나며, km와 Mpc이 둘 다 거리 단위이므로 결국 허블상수의 역수는 시간 단위가 된다. 이 법칙은 1927년 르메트르에 의해 최초로 발표되었으나 사람들에게 잘 알려지지 않았고, 1929년 허블이 같은 법칙을 발표하여 허블 법칙이라고 부르게 되었다. 최근 르메트르의 업적이 재조명되며 2018년 비엔

나에서 열린 국제천문연맹International Astronomical Union, IAU 총회에서 허블 법칙을 허블-르메트르 법칙이라 명명했다. 르메트르와 허블이 구한 허블상숫값은 ~ 500km s^{-1} Mpc^{-1}으로 오늘날 알려진 값인 ~ 70km s^{-1} Mpc^{-1}보다 많이 크다.

르메트르는 흔히 대폭발우주론의 아버지로 불리는데, 그가 1931년 우주의 초기 상태를 원시 원자로 비유하며 우주가 아주 작은 상태에서 팽창하여 오늘의 우주를 만들었다고 주장했기 때문이다. 허블이 단순히 관측으로부터 은하의 후퇴 속도가 거리에 비례하여 증가한다는 것을 보인 반면, 르메트르는 드 시터Willem de Sitter 우주 모형을 이용하여 후퇴 속도가 거리에 비례하여 증가하는 것이 팽창 우주의 특성임을 보였다. 또한 르메트르는 물질이 없는 우주를 가정한 드 시터 우주 모형의 한계를 극복하기 위하여 그 자신의 우주 모형을 만들어 우주의 팽창을 설명했다. 르메트르의 우주 모형은, 시작은 아인슈타인이 제안한 정적 우주에서 가져오지만 결국 시간이 지나면 팽창 우주로 바뀌는 것으로, 관측되는 은하의 후퇴 속도와 거리의 관계를 설명했다. 이런 점에서 르메트르가 실질적으로 우주 팽창을 발견했다고 생각할 수 있다.

여기에 한 가지 더 중요한 것이 있다. 바로 아인슈타인이 만든 상대성이론이다. 상대성이론은 4부에서 우주론을 소개하며 다시 다루겠지만, 팽창 우주의 이해에 일반상대성이론이 결정적인 역할을 한다는 것은 지적하고 넘어가자. 아인슈타인이 일반상대성이론으로 장방정식을 만들지 않았으면 르메트르나 허블이 발견한 은하의 후퇴 속도와 거리의 관계가 왜 성립하는지를 설명할 수 없었을 것이다. 그러나 아이러니하게도 장방정식을 도입한 아인슈타인은 1916년 정적 모형을 제안했고, 정적 모형에 대한 집착으로 1922년 발표된 프리드만Alexander Friedmann의 팽창 우주 모형과 1927년 발표된 르메트르의 팽창 우주 모형을 외면했다. 그러나 에딩턴Arthur Stanley Eddington의 지적으로 그의 정적 우주 모형이 불안정한 것을 알게 된 후 정적 모형을 철회하고, 드 시터와 함께 1932년 팽창하는 평탄 우주 모형을 제안함으로써 우주론 연구가 본궤도에 오를 수 있었다.

아인슈타인이 정적 우주를 버리면서 우주의 팽창은 모든 사람이 받아들일 수밖에 없었지만, 르메트르가 제안한 우주의 기원을 설명하는 대폭발우주론을 모든 사람이 수긍한 것은 아니다. 호일Fred Hoyle이 대폭발우주론을 비판한 대표적인 사람인데, 그는 본디Hermann Bondi, 골드Thomas Gold와 함께 우주가 어느 순간 팝콘 터지듯 시작한 것이 아니라 무한한 과거부터 현재까지 같은 모습으로 존재해왔다는 정상우주론을 제안했고, 많은 지지를 받았다. 그러나 1965년 펜지어스Arno Allan Penzias와 윌슨Robert Woodrow Wilson에 의해 우주배경복사가 발견됨으로써 정상우주론은 설 땅을 잃어 역사의 뒤안길로 사라지고, 아인슈타인과 드 시터가 제안한 평탄 우주가 팽창 우주를 설명하는 표준 우주 모형으로 받아들여지게 되었다.

소백산천문대의 반사망원경

국내 최초의 은하 관측

서구에서 이렇게 은하를 비롯해 암흑물질의 발견에 이르는 엄청난 발전이 있는 동안 우리나라에서 천문학 연구는 거의 이루어지지 않았다. 그러던 중 소련이 스푸트니크를 쏘아 올린 것이 계기가 되어 우리나라도 천문학 교육의 필요성을 깨닫게 되었다. 이에 따라 1958년 서울대학교 문리과대학에 천문기상학과가 만들어졌고, 1973년 국립천문대가 조직되어 천문학 교육과 연구가 시작되었다.

천문기상학과는 1975년 천문학과와 기상학과로 나뉘며 천문학 교육을 본격적으로 시작했다. 그리고 나는 천문학과 1회 졸업생이 되었다. 국립천문대는 천체 관측을 위한 망원경을 갖춘 천문대 건설에 매진하여 1978년 소백산 연화봉 아래에 천체관측소를 세웠다. 이때부터 국내의 천문학자들이 천체 관측에 기반한 연구를 수행할 수 있게 된 셈이다. 그러나 소백산천문대가 갖춘 망원경은 구경이 61센티미터에 지나지 않은 소구경 반사망원경으로 흐린 천체의 관측에는 어려움이 있었다.

내가 군 복무를 마치고 대학원에 들어간 1979년 봄에는 시험 관측을 마친 소백산천문대가 국내 천문학자들에게 공개되어 나에게도 기회가 왔다. 함께 대학원에 입학한 윤태석, 이형목 등과 같이 천문대에 다녔는데, 천체 관측을 제대로 배운 적이 없어 시카고대학에서 출판한 《천문관측법Astronomical Techniques》이라는 책으로 공부해야 했다. 이렇게 첫 학기는 기초 공부를 하고, 여름방학부터 매달 소백산천문대를 방문해 서로 다른 주제로 관측을 수행했다. 윤태석은 표준성을, 이형목은 달의 엄폐 현상을, 나는 은하를 관측했다. 1979년 가을, 현정준 교수님은 내가 관측한 안드로메다은하의 광도 분포가 담긴 스트립 차트를 보시곤 '이제 우리나라에서도 외부은하를 관측할 수 있구나' 하셨다. 1978년 소백산천문대가 건설되자 국립천문대에서 시험 관측을 했지만, 망원경 구경이 61센티미터에 불과하고, 관측 장비도 제대로 갖추어지지 않아 별의 측광에 국한되었다. 이 때문에 나의 안드로메다은하 관측이 국내에서 이루어진 외부은하의 최초 관측이 되었고 M33, M106의 관측 자료와 함께 1981년 《천문학회지》에 실었다.

나는 우연히 은하 연구를 하게 되었다. 아니, 어쩌면 필연인지도 모르겠다. 고등학교 시절 문과였던 내가 대학 진로로 천문학을 택하게 된 것은 우연히 접한 아인슈타인 상대성원리의 영향이 크다. 물리 선생님께 여쭈었더니 상대성이론을 적용하는 학문 분야가 우주론이고, 우주론은 천문학의 주된 연구 분야라는 것을 듣고 나서였다. 그 후 3학년으로 진학할 때 이과로 옮겼고, 천문기상학과에 입학해 천문학도가 되어 결국 은하 관측을 하게 되었으니, 내가 은하 연구를 하게 된 건 거의 필연적인 일인 것 같다. 우주의 구조란 바로 은하의 공간 분포를 말하는 것이고, 우주의 진화는 이를 구성하는 은하의 생성과 진화에 의해 추동되니 은하 연구야말로 우주론의 핵심 분야이기 때문이다.

1979년 소백산천문대에서 안드로메다은하의 광도 분포를 관측한 후, 내가 수행한 연구의 대부분은 은하가 되었다. 2018년 2월 부산대학교에서 정년을 마치고 퇴임했으나 지금도 은하 연구를 하고 있으니, 40년 이상 은하와 함께한 셈이다. 학자로서 나의 전 생애를 은하와 가까이 지냈는데, 은하는 보는 즐거움까지 있어 이만한 축복도 없을 것이다. 특히 2000년대 들어 슬론디지털천구탐사Sloan Digital Sky Survey, SDSS로 관측된 수천만 개의 은하를 집에서도 쉽게 볼 수 있어, 은하 연구자는 학문적 즐거움 외에도 우주의 신비를 눈으로 즐길 수 있게 되었다. 매일 은하를 보며 지내다가 은하를 분류할 생각을 했고, 결국 2015년에 가까운 우주에 있는 6,000개의 은하를 분류하여 목록을 만들었다. 적지 않은 사람들이 이를 이용하고 있으니 보람 있는 일이었고, 즐거움이었다.

우리 천문학의 뿌리

1979년과 1980년 소백산천문대에서 이루어진 관측은 우리나라 천문학 발전에 중요한 전환점이었다. 관측을 통한 연구를 시작했고, 이를 통해 서울대학교는 관측천문학의 뿌리를 내릴 수 있었다. 나와 윤태석, 이형목 세 명이 매달 천문대를 방문했는데, 교통편은 청량리역에서 출발하는 중앙선을 이용했다. 단양역에 내려 버스를 타고 죽령이나 희방사 입구로 갈 때가 많았고 간혹 완행열차로 죽령역에 내리기도 했다. 관측 여행에 필요한 경비는 학과에서 지원해서, 우리는 간식 정도만 개인적으로 구매하면 되었다.

소백산천문대는 고도가 1,357미터인 연화봉 바로 아래 죽령 방향에 있다. 이곳에 가기 위해서는 희방사에서 산길을 따라 등산하거나, 죽령에서 임도를 따라 천문대까지 가는 두 가지 방법이 있었다. 어느 길을 택하든 두 시간 반을 걸어야 하는데 문제는 짐이 가볍지 않다는 것이다. 옷가지와 책을 제외하더라도 측광 기기를 냉각하기 위한 드라이아이스 한 상자는 반드시 가져가야 했고, 기기를 제어할 HP 컴퓨터도 거의 매번 들고 다녔다. 무게가 각각 20킬로그램에 가까워 쉽지 않은 일이었다.

컴퓨터는 항상 내가 옮겼는데 등산 배낭에 넣고 개인 짐을 싸면 20킬로그램은 쉽게 넘었다. 드라이아이스는 주로 윤태석이나 이형목이 들었고 이 또한 무겁긴 마찬가지였다. 나는 대학 시절에 산에 다닌 경험이 있어 이 정도 하중을 지고 등산하는 데는 익숙해서 동료들보다는 힘들지 않았다. 우리는 예정된 일정에 따라 눈이 오든 비가 오든 움직였으며, 이 때문에 겨울에는 눈 쌓인 산을 오르기도 했다.

관측 여행에는 보통 일주일이 걸렸다. 장비가 문제를 일으키지 않으면 낮에는 관측 준비 외에는 할 일이 없었다. 더구나 날씨가 흐려 밤에 관측하지 못한 날은 시간이 많이 남아 능선을 따라 비로봉에 다녀왔다. 관측 돔에서 왕복 네 시간 정도 걸렸다. 소백산 능선은 독보적인 아름다움을 뽐낸다. 그래서 동료들도 웬만큼 피곤하지 않으면 나를 따라 나섰다.

비로봉에 갈 때는 관측 돔 바로 위에 있는 연화봉은 오르지 않고 왼쪽으로 우회해 제1연화봉을 거쳤는데, 완만해서 누구나 즐길 수 있는 길이다. 저 멀리 비로봉 너머 국망봉과 신선봉으로 이어지는 소백산맥의 연봉은 등산을 좋아하지 않는 사람이라도 감탄할 수밖에 없는 경치였다.

겨울에는 천문대에 가는 것도 힘들지만 관측 돔에서 지내기도 쉬운 일은 아니었다. 관측 돔은 슬릿을 열어두어서 실내 온도가 바깥 온도와 거의 같아 영하 10도는 보통이었다. 장갑을 사용했지만 관측 장비를 다루어야 해 두꺼운 것은 낄 수 없어 손이 시렸고, 얼굴이 에이는 듯 추웠다. 어느 날 돔에서 관측하다가 윤태석을 보니 콧수염에 얼음이 맺혀 있었다. 산에 쌓인 눈으로 차가워진 북풍에 얼굴이 얼어붙은 것이다. 그런데도 날이 맑으면 연구 대상인 천체를 관측했고, 이 자료들은 우리의 석사 학위 논문에 사용되었다.

관측 돔의 생활 공간도 열악하기는 마찬가지였다. 관측 돔은 2층으로 구성된 건물이었는데 침실을 제외하곤 난방 시설이 없었다. 이 때문에 화장실도 얼어서 야외에 있는 재래식을 사용했고 부실하게 지어 칼바람이 드나들었다. 침실의 난방은 등유를 넣는 난로로 했다. 화력이 강해서 몸을 따뜻하게 유지할 수 있었지만, 가끔 역풍이 불면 그을음으로 방 안이 엉망이 되기도 했다.

겨울철 관측에는 다른 복병도 있었다. 폭설이나 강풍 때문에 전기가 끊어지는 것이다. 한국전력공사에서 설치한 전선으로 전기를 공급받았는데 군부대까지는 안정적이었지만 군부대에서 천문대까지 연결되는 전선에 자주 문제가 생겼다. 물론 전기가 차단

되면 발전기를 돌려 관측을 계속할 수 있었으나 한 시간 이상 중지해야 했다. 전기는 주로 밤에 끊어졌다. 그러면 발전기로 만든 전기를 사용해 관측을 마치고, 낮에는 군부대 근처까지 가서 전봇대에 올라 작동 스위치를 조작해 전기를 연결했다. 이렇게 전기가 끊어지는 날은 대부분 폭설이 강풍과 동반되는 경우가 많아, 전봇대까지 가는 일이 쉽지 않았다. 이곳은 겨울에 눈이 오면 응달진 곳은 봄까지 녹지 않아 눈을 헤치며 가야 했다. 이 일은 주로 설비 담당인 이재한 씨가 했는데 난 앞에서 걸으며 발자국으로 길을 만들어주었다.

소백산천문대를 생각하면 잊지 못할 추억이 많지만, 은사님들 생각도 난다. 우리가 이렇게 관측을 열심히 할 수 있게 된 데는 윤홍식, 홍승수 두 교수님의 공헌이 크다. 윤홍식 교수님은 1975년에 천문학과에 오셔서 4학년 때 가르침을 받았고, 홍승수 교수님은 내가 군에 있던 기간인 1978년에 부임하셔서 대학원에 입학하여 처음 뵀다. 두 분 다 가르침이 엄격하다는 공통점이 있지만, 윤 교수님은 다소 내성적이고 인자하시며 홍 교수님은 의견이 분명하시고 열정적으로 가르쳐 학생들이 힘들 정도였다. 더구나 홍 교수님은 천문학과 졸업생으로, 늘 우리나라의 천문학 발전을 꿈꾸셨다. 미국에서 박사 학위를 받고 유럽에서 연구원으로 있다가 모교로 오셨는데 그런 마음이 평소 대화에 그대로 묻어나는 분이었다.

홍 교수님께서 귀국하실 때쯤 교육 분야에 AID Act for International Development 차관 사업이 있었고, 두 교수님은 AID 자금으로 측광 기기를 도입한 것이다. 종종 소백산도 직접 방문해 학생들을 격려하셨다. 특히, 홍 교수님은 몇 차례나 소백산을 오르셨고 우리가 난관에 봉착하면 발 벗고 나서 도움을 주셨다. 윤 교수님도 그렇지만 홍 교수님은 전형적인 이론 천체물리학자로, 관측 경험은 물론이고 관측 장비에도 문외한이셨는데 작은 일이라도 우리를 도우려 애쓰셨다. 천문학에 대한 사랑이 없으면 도저히 불가능한 일이다.

사진측광과 광전측광

천체의 특성을 연구하는 첫걸음은 이들의 광도를 측정하는 것이고, 이를 측광이라 한다. 은하는 별과 달리 크기가 있는 천체이므로 각 부분의 밝기를 측정해야 하고, 이를 표면 측광이라 한다. 내가 석사 학위 논문 주제를 선정할 당시 선진국에서 이루어지던 외부은하의 표면 측광은 대부분 사진측광으로 수행되었으며, 일부는 측광 정밀도를 높이기 위해 광전측광이 이루어지기도 했다. 정밀도 측면에서 사진측광에 비해 광전측광이 비교할 수 없을 정도로 좋은데도 사진측광이 선호되는 이유는 관측 시간에서 너무 큰 차이가 나기 때문이다.

광전측광의 경우 은하의 세부 구조가 분해될 정도로 촘촘한 간격으로 은하의 전 영역을 측광해야 2차원 광도 분포를 구할 수 있는데 이를 위해서는 많은 관측 시간이 필요했다. 이 때문에 시간을 줄이기 위해 망원경을 일정한 방향으로 움직이며 연속적인 측정을 하는 스캔 모드로 관측도 했다. 그러나 원하는 방향으로 은하의 표면을 스캔하기 위해서는 망원경의 움직임을 컴퓨터로 제어할 수 있어야 하므로 당시로서는 앞서가는 천문대에서나 가능한 방법이었다.

　나의 은하 관측은 1년간 서울대학교에 있으면서 측광 시스템을 구축한 인디애나대학의 버케드Martin S. Burkhed 교수의 영향을 많이 받았다. 그의 은하 관측은 주로 스캔 모드로 이루어졌는데, 관측 기기 제어에 뛰어나 가능했을 것이다. 내가 은하의 관측을 시작할 때는 버케드 교수가 미국으로 간 뒤였기 때문에 은하의 표면 측광을 직접 배우지는 못했다. 그러나 내가 스캔 모드를 생각하게 된 것은 버케드 교수의 영향이 크다.

　사진 건판을 이용하면 한 번의 노출로 은하의 전 면적을 관측할 수 있는데 광전측광을 하는 이유는 무엇일까? 그것은 광전증배관(빛에 의해 생긴 전자를 증폭하는 장치. 광음극에 들어온 빛에 의해 광전효과로 전자가 발생되고, 이 전자들이 전압 차이가 있는 다이노드를 여러 차례 거치며 수백만 배 증폭되어 광양극에 도달하게 하는 장치다)을 이용하는 광전측광이 사진측광보다 측광 정밀도가 훨씬 높기 때문이다. 사진 건판의 경우 입사한 빛에 반응하여 만들어지는 전자의 수를 결정하는 양자효율이 광전증배관보다 수십 배 낮을 뿐 아니라, 강한 빛에는 쉽게 과노출되고 약한 빛에는 잘 반응하지 않으며, 빛의 세기에 선형적으로 반응하는 범위가 좁다. 그뿐 아니라 사진 건판을 현상하는 과정에서 잡음이 끼어들 수 있어 측광 정밀도가 좋을 수 없는 것이다. 이 때문에 별의 측광은 이미 1960년대에 주로 광전측광으로 수행되었으나, 은하의 경우 별과는 달리 면적이 있는 천체라 2차원 광도 분포를 알기 위해서는 많은 관측 시간이 필요해 1970년대에도 여전히 사진측광이 많이 이용되었다.

과학의 진보가 완전히 새로운 현상의 발견 등으로 갑자기 이루어지기도 하지만, 많은 경우 실험의 정확도를 높이면서 조금씩 진전된다. 이런 점을 고려하면, 측광 정밀도가 높은 광전측광을 천체 관측에 사용하려는 노력은 지극히 자연스러운 일이다. 은하의 표면 측광에 도입된 스캔 모드 측광은 은하의 표면을 격자 형태로 구분하여 일일이 관측하는 것에 비해 시간을 많이 줄일 수 있으나 망원경을 정밀하게 제어해야 하는 제약이 있었다.

나도 스캔 모드로 은하를 관측하고 싶었지만 당시 소백산 천문대의 망원경은 컴퓨터로 구동이 제어되지 않아 일반적인 스캔 모드를 사용할 수 없었다. 그러나 전혀 방법이 없는 것은 아니었다. 망원경을 정지시켜두면 지구의 자전으로 하늘이 망원경 앞을 지나가게 되므로 이를 이용하면 동서 방향으로는 스캔 모드를 사용할 수 있다. 동서 방향은 적경 방향이므로 은하의 적경을 따라 표면 광도를 스캔 가능하다. 내가 은하의 표면 측광 관측에 사용한 방법은 이와 같이 망원경을 대상 은하의 서쪽으로 움직인 후 망원경 구동 모터 전원을 꺼 스캔 모드와 유사하게 연속적인 측광을 한 것이다. 이는 1958년 드 보쿨뢰르Gérard de Vaucouleurs에 의해 안드로메다은하의 관측에 사용된 방법인데 광전측광을 위한 UBV

표준 측광계를 도입한 뒤 바로 시도된 것이다. 역시 학문을 이끌어 가는 학자는 다르다. 아무도 가보지 않은 길을 가는 것에 망설임이 없다.

드 보쿨뢰르는 안드로메다은하를 관측하고, 가까이 있는 M33도 같은 방법으로 관측해 은하의 광도 분포를 정밀하게 측정할 수 있었다. 이러한 연구의 중요성을 인식한 사람이 드 보쿨뢰르 혼자만은 아니었다. 비슷한 시기에 전파 관측으로 안드로메다은하의 회전 곡선을 구하고 이로부터 질량 모형을 도출한 슈미트Maarten Schmidt도 안드로메다은하의 질량 모형을 개선하기 위해 정확한 광도 분포가 필요했다. 슈미트는 1959년 별생성률이 가스 질량의 멱함수에 비례한다는 슈미트 법칙을 만들고, 1963년에는 퀘이사를 최초로 동정한 사람이다. UBV 표준 측광계를 만든 존슨Harold L. Johnson 역시 중요성을 인지하고, 그가 만든 측광계를 드 보쿨뢰르에게 보내주었다. 이처럼 당대의 천문학자들이 은하의 광도 분포를 광전측광으로 관측하는 일의 중요성을 공유한 것이다. 실제 관측은 1957년 존슨이 보내준 UBV 측광계를 로웰천문대의 53센티미터 망원경에 붙여 이루어졌으며, 드 보쿨뢰르의 이 관측은 1958년 《천체물리학저널Astrophysical Journal》에 발표되었고, 은하 연구의 중요한 기록으로 남았다.

드 보쿨뢰르는 샌디지Allan Sandage, 반덴버그Sidney van den Bergh 등과 함께 허블이 개척한 은하형태학을 발전시켰으며, 은하단의 집단인 초은하단의 존재를 예측하는 등 천문학 발전에 크게 이바지한 프랑스 학자다. 1964년 은하의 좌표와 등급, 색지수, 크기 등을 수록한 '밝은 은하의 참조 목록'을 만들어 은하 연구자들에게 기초 자료를 제공했고, 이 목록은 두 차례에 걸쳐 개정되어 현재까지 유용하게 활용되고 있다. 수록된 은하는 15.5등급보다 밝고, 시직경이 1각분보다 큰 것들이다.

또한 은하의 거리를 구하는 여러 방법을 적용해서 허블상수를 구하여 우주의 나이나 크기 등을 연구함으로써 우주의 이해에 크게 이바지했다. 그가 구한 허블상숫값은 100km s^{-1} Mpc^{-1}으로 경쟁자인 샌디지가 구한 값인 50km s^{-1} Mpc^{-1}과 두 배 차이가 났다. 한동안 중고등학교 교과서에 우주의 나이를 100억 년 또는 200억 년으로 기술한 적이 있었는데, 이는 두 사람의 연구 중 어느 것이 맞는지 알 수 없어 두 견해를 다 인용한 결과다.

이들의 주장이 워낙 확고하여 드 보쿨뢰르가 있는 텍사스에서 강연이나 세미나를 할 때는 허블상수를 100km s^{-1} Mpc^{-1}으로 사용하고, 샌디지가 있는 캘리포니아에서는 50km s^{-1} Mpc^{-1}을 써야 할 정도였다. 캐나다 도미니언천문대의 반덴버그는 현명하게도 둘의 평균값인 75km s^{-1} Mpc^{-1}을 사용했는데, 1990년 이후 허블우주망원경 등 더 먼 우주를 볼 수 있는 망원경으로 관측한 결과에 따르면 허블상숫값이 ~73km s^{-1} Mpc^{-1}에 수렴하고 있어 반덴버그의 예지력이 돋보인다.

드 보쿨뢰르와 직접 만난 적은 없지만 내가 수행하는 많은 연구에서 그가 만든 밝은 은하의 참조 목록을 이용해 그가 낯설지 않다. 또한 내가 2015년 발표한 가까운 우주에 있는 은하들의 형태 목록은 기본적으로 드 보쿨뢰르의 형태 분류 체계를 따랐으므로 학문적으로 맥이 닿아 있다. 참 우연하게도 내가 택한 최초의 연구 방법도 드 보쿨뢰르의 것을 따랐고, 정년을 얼마 앞두고 한 은하 분류도 그의 영향을 받았으니 천문학자로서 굳이 계보를 따진다면 드 보쿨뢰르 계보라 할 수 있겠다.

나와 드 보쿨뢰르를 연결해준 이는 앞서 소개한 버케드 교수다. 그의 논문에서 드 보쿨뢰르가 안드로메다은하를 스캔 모드로 관측한 것을 알게 되었고, 내가 안드로메다은하를 관측할 때 그 방법을 적용할 수 있었다. 학문의 세계란 이런 것이다. 누군가 선구자가 길을 개척하고 그 길을 논문으로 남겨두면 후학들이 이를 보고 배울 수 있고, 때로는 더 좋은 길을 찾게도 된다.

내가 이 방법을 적용하여 관측한 대상은 M31, M33, M106인데 이들은 거리가 가까워 시직경(지구에서 본 천체의 겉보기 지름)이 크기 때문에 측정값을 많이 얻을 수 있는 은하다. 나는 이 은하들의 관측 자료를 분석해 석사 학위 논문을 작성했다. 1979년에는 스트립 차트에 스캔 관측 결과를 기록했으나, 1980년에는 광자계수기를 이용하여 스캔 관측 결과를 디지털 자료로 컴퓨터에 기록했다. 이 때문에 스트립 차트의 값을 육안으로 읽는 수고를 덜 수 있었고, 측정치의 정확도를 높일 수 있었다.

그렇지만 정말 안타깝게도 M31을 최초로 관측했던 스트립 차트는 오랫동안 연구실에서 보관하고 있다가 부주의로 소실되었다. 이 자료는 최초의 외부은하 관측 기록이라서 아쉽지 않을 수 없다.

2부

은하의 기원

PHYSICAL REVIEW VOLUME

Letters to the Editor

PUBLICATION of brief reports of important discoveries in physics may be secured by addressing them to this department. The closing date for this department is five weeks prior to the date of issue. No proof will be sent to the authors. The Board of Editors does not hold itself responsible for the opinions expressed by the correspondents. Communications should not exceed 600 words in length.

The Origin of Chemical Elements

R. A. ALPHER[*]

Applied Physics Laboratory, The Johns Hopkins University, Silver Spring, Maryland

AND

H. BETHE

Cornell University, Ithaca, New York

AND

G. GAMOW

The George Washington University, Washington, D. C.

February 18, 1948

▲αβγ 논문의 첫 페이지 (p. 77)
가모브는 온도가 10억 도로 내려가면 원자핵 합성이 가능해져
오늘날 우리가 보는 원소들이 만들어진다는 빅뱅 핵합성 이론을 제안했다.

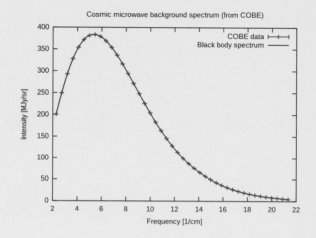

▲코비가 관측한 우주배경복사 (p. 81)

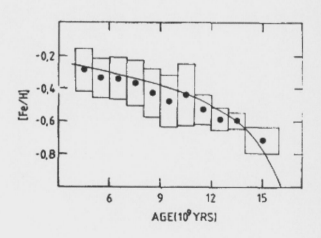

▲태양계 주변의 화학적 진화 (p. 84)
실선은 내가 수행한 모형 계산 결과이고, 점은 측광 자료에서
구한 금속 함량[Fe/H]과 나이 자료다.

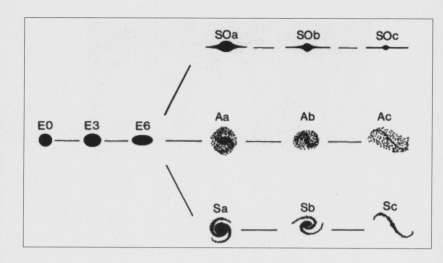

▲**반덴버그의 평행 분류** (p. 86)
렌즈형은하를 타원은하와 나선은하 사이에 둔 허블 분류와 달리,
나선은하에 평행한 위치로 가져와 흔히 평행 계열 분류로 부른다.

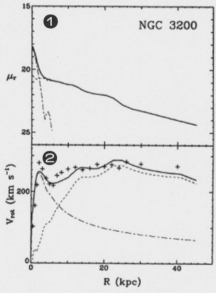

▲나선은하 NGC 3200의 영상과 ❶광도 분포, ❷회전 곡선 (p. 105)
은하의 바깥으로 나갈수록 광도는 줄어드나 회전속도는 거의 일정하다. 짧은 파선
은 원반 성분을, 짧고 긴 파선이 섞여 있는 선은 중앙팽대부 성분을, 관측된 값은 플
러스 기호로 나타냈다.

빅뱅과 원소

천문학과 고고학

천문학과 고고학은 유사성이 적지 않다. 과거를 해석한다는 점에서 그렇다. 천문학자들은 망원경에 측광기나 분광기 등 관측 장비를 달아 멀리 있는 천체를 관찰한다. 먼 천체의 경우 빛의 속도가 유한해 천체의 과거 모습을 보게 된다. 가까이 있는 천체라고 해서 과거의 흔적을 볼 수 없는 것은 아니다. 나이가 오래된 은하는 만들어질 당시의 우주 정보를 가지고 있기 때문이다. 이런 점에서 나이 많은 은하에 있는 별은 화석과도 같고, 이를 통해 우주의 과거를 캐는 작업은 고고학자들이 발굴을 통해 고대 문명의 유물과 잔재를 연구하는 것과 유사하다. 일종의 시간 여행인 셈이다.

우주는 은하로 이루어져 있으며, 은하를 이루는 별이 모두 같은 시기에 태어난 것은 아니다. 우리은하만 하더라도 구상성단(구상성단은 적게는 수만 개, 많게는 수백만 개의 별이 구형으로 분포한 별의 집단이다. 구상성단의 반경은 수십 광년에서 수백 광년이다)처럼 나이가 100억 년이 넘는 천체도 있고, 오리온자리의 막 태어난 별처럼 나이가 수백만 년에 불과한 천체도 있다.

나이가 다른 천체는 화학조성이 다르다. 화학조성의 차이는 흔히 중원소 함량 또는 금속 함량 차이로 표현한다. 여기서 중원소란 수소와 헬륨보다 무거운 원소를 말하며, 금속 함량은 금속을 이루는 모든 원자의 함량을 이르는데, 대개 철 원소의 함량을 이야기하기도 한다. 빅뱅으로 시작된 우주는 수소와 헬륨밖에 없었다. 중

원소는 별이 진화하며 별의 내부에서 만들어져 별의 죽음과 함께 주위의 물질과 섞인다. 여기서 다시 별이 탄생하므로, 우주 초기에 만들어진 천체는 중원소가 적고, 여러 세대의 생성과 죽음을 거친 뒤 만들어진 천체는 중원소가 많다.

우리은하의 경우 별의 스펙트럼을 관측하여 구성 물질의 화학조성을 조사할 수 있고, 측광을 통해 색–등급도(별의 색지수를 횡축, 절대등급을 종축으로 그린 도표. 부록 참고)를 만들어 이를 별의 진화 모형과 비교해 나이를 추정할 수 있다. 안드로메다은하는 매우 가까이 있어, 허블우주망원경 등 분해능이 좋은 망원경을 이용하면 별을 하나하나 분리하여 관측할 수 있다. 이 때문에 안드로메다은하는 우리은하의 별을 연구하는 것과 같은 방법을 적용할 수 있다. 은하가 멀리 떨어져 있으면 별 개개는 분리되지 않고 별들이 만든 통합 스펙트럼을 관측하게 된다. 이런 경우 흔히 적용하는 방법은 별의 진화 모형으로 만든 별들의 에너지 분포를 합성하고 이를 관측한 스펙트럼과 비교하여 은하를 이루는 별들의 나이와 화학조성을 추정하는 것이다.

정년 후 관심을 가지고 하는 연구는 왜소은하의 스펙트럼을 분석해 기원을 살펴보는 것이다. 스펙트럼으로부터 은하를 이루는 별들의 나이와 화학조성을 알 수 있으면, 이를 통해 은하가 겪은 화학적 진화를 유추할 수 있고, 이로부터 은하의 기원을 추정할 수 있다. 재미있는 것은 내 연구 인생의 끝부분에 하는 일이 우연히도 내가 석사 논문을 마치고 한 연구와 맥이 닿아 있다는 점이다. 이 연구는 당시 경북대학교에서 서울대학교로 자리를 옮기신 이시우 교수님의 연구 주제였고, 내가 수치 모형 계산을 맡았다.

이시우 교수님은 관측천문학자로서 구상성단의 사진측광 전문가다. 호주에서 학위 논문을 위해 관측한 구상성단의 색-등급도는 사진측광으로 이룰 수 있는 최고 측광으로 유명하다. 그러나 당시 소백산천문대에는 사진측광을 할 장비가 없어서 직접 관측한 자료로 연구할 수 없었다. 그래서 이 교수님이 택한 방법은 다른 연구자들의 관측 자료를 정리하고, 해석하는 것이었다. 그중 한 가지가 구상성단의 금속 함량 분포와 태양계 부근 별들의 금속 함량 분포 등을 해석할 수 있는 화학적 진화 모형을 만드는 일이었고, 내가 그 일을 도왔다.

이시우 교수님과 같이 일할 수 있었던 것은 그때 내가 매주 부산과 서울을 오가는 생활을 했기 때문이다. 졸업과 동시에 부산대학교로 가게 되었으나 그곳에는 내가 사용할 수 있는 컴퓨터가 없어 학회지에 투고할 석사 학위 논문 정리를 위해 주말이면 서울대학교로 가서 천문학과의 컴퓨터를 썼다.

서울에 가면 천문학과 대학원생 연구실에 있었는데, 학회지에 논문을 투고한 뒤에는 은하의 화학적 진화를 다루는 수치 모형 작업에 몰두했다. 대학원에서 관측 계획 수립이나, 관측 자료의 처리를 위해 필요한 모든 계산을 학과의 HP 컴퓨터로 수행했는데, HP 컴퓨터는 그 당시 최첨단인 16비트 구조였다. 이 때문에 컴퓨터를 다루는 데 어느 정도 익숙해졌으나, 연립미분방정식을 풀어야 하는 화학적 진화 모형 계산은 나에겐 다소 버거웠다. 다행히 이에 능한 후배 김동우가 대학원에 있어서 미분방정식을 푸는 부분을 처리해주었다.

그 덕분에 수치 계산 시간을 많이 줄일 수 있었다. 내가 참 복이 많은지 대학원에 입학하니 컴퓨터 문외한인 나에게 이형목이 포트란 언어를 가르쳐주며 컴퓨터를 다룰 수 있게 해주었고, 이번에는 김동우가 수치해석 기법이 필요한 계산을 도와준 것이다. 이때 배우고 익힌 컴퓨팅 기법이 내가 천문학자로 일생을 살아가는 데 많은 도움이 되었음은 물론이다. 이형목은 부산대학교 교수를 거쳐 서울대학교에서 정년을 마쳤고, 김동우는 충남대학교 교수를 거쳐 하버드대학 천체물리연구소에서 연구 활동을 하고 있다.

빅뱅의 순간

지구에서 가장 풍부한 물질은 수소 원자 2개와 산소 원자 1개로 이루어진 물 분자다. 우리 몸에도 물 분자가 가장 큰 비중을 차지한다. 수소와 산소뿐 아니라 지구에는 다양한 원소가 있다. 이러한 원소들은 어디에서 왔을까? 이 질문에 답한 최초의 사람은 영국의 호일이고, 수소와 헬륨의 경우에는 우크라이나 태생의 가모브George Gamow다. 가모브는 우주가 뜨거운 상태에서 식으며 수소와 헬륨이 만들어진다고 했는데, 가모브가 답을 구할 수 있게 길을 열어준 사람은 바로 르메트르다.

르메트르는 벨기에의 신부이자 천문학자다. 허블이 우주 팽창을 발견하기 전인 1927년, 슬리퍼가 관측한 은하의 시선속도 자료를 이용하여 은하들이 팽창하고 있다는 것을 발견해서 벨기에의 학술지에 발표했다. 그러나 그 학술지가 널리 읽히지 않아 르메트르의 발견은 한동안 알려지지 않았다. 1931년에는 '원시 원자' 가설을 제안하여 우주가 팽창하는 원인을 설명했다. 팽창하는 우주를 거슬러 올라가면 우주는 점점 더 작아지고 결국은 모든 물질이 좁은 공간에 몰려 있게 된다고 추론하고, 이를 원시 원자라 부른 것이다. 원시 원자는 뜨거운 상태라 원시 화구라고도 부른다. 이처럼 르메트르는 영사기를 거꾸로 돌리는 사고 실험으로 간단하게 우주의 초기 상태를 추론했고, 우주가 뜨거운 상태에서 폭발적으로 시작되었다는 대폭발우주론 또는 빅뱅우주론을 주창했다. 이런 이유로 르메트르는 빅뱅우주론의 아버지라 불린다.

르메트르가 초기의 원시 원자가 뜨거운 상태라고 생각한 이유는 무엇일까? 그는 이를 직관적으로 알았기 때문에 특별히 설명을 덧붙이지 않았다. 왜 원시 원자는 원시 화구라 부를 정도로 뜨거운 상태였을까? 우선 쉬운 비유를 해보자. 10평 남짓한 방에 사람이 두 명만 있다면 그들은 부딪히지 않고 지낼 수 있다. 그러나 같은 방에 수십 명이 있다면 이들은 서로 닿지 않을 수 없고, 자칫 다툼도 생길 것이다. 이런 상태에서는 방 전체의 온도가 올라갈 것이다. 이 정도만 이야기해도 좁은 공간에 우주를 이루는 모든 물질이 모여 있다면 온도가 높을 수밖에 없음을 어렵지 않게 짐작할 수 있을 것이다.

다른 질문을 하나 해보자. 빅뱅의 순간, 우주는 얼마나 작을까? 정말 점처럼 크기가 없을까? 아마 르메트르가 생각한 원시 원자는 점 같지는 않았을 듯하다. 당시에 이미 원자의 구조가 어느 정도 알려졌고 원자의 크기도 알아, 크기가 없는 상태를 원자로 표현하지는 않았을 것이기 때문이다. 아마 그는 엄청나게 작아져야 한다는 건 알았으나 구체적으로 얼마나 작은지는 추측이 어려웠을 것이다.

이때는 양자역학이 막 태동했고, 수소 원자처럼 간단한 원자의 구조가 밝혀지던 시기이니 르메트르가 선택한 원시 원자라는 표현은 적절해 보인다. 만일 우주의 팽창이 발견된 시점이 양자역학이 충분히 발달하여 사람들이 양자 요동이라는 개념에 익숙했다면, 어쩌면 르메트르는 우주가 어떻게 시작하는지에 대해서도 생각했을 것 같다. 르메트르는 원시 원자 상태에서 우주가 대폭발로 시작했다고 했지, 원시 원자는 어떻게 만들어진 것인지는 즉, 우주의 기원에 대해서는 언급하지 않았다. 물론 가톨릭 신부인 그가 하느님에 의한 창조가 아닌 다른 형태를 생각하기 어려웠을 수 있어 원시 우주의 기원을 찾는 일을 하지 않았을지도 모르겠다.

우주가 시작할 때 어떤 크기에서 시작했는지 짐작하는 것은 현대 물리학에서도 어려운 일이다. 더구나 우주 초기 밀도가 거의 무한대에 가까울 때는 현재의 양자역학과 상대성이론을 적용할 수 없다. 아직 미완인 양자중력론이 완성되기 전에는 초기 우주의 모습을 그릴 수 없지만, 현재 수준에서 물리법칙을 적용할 수 있는 한계 길이와 시간이 있다. 이를 각각 플랑크길이와 플랑크시간이 라 한다.

플랑크길이는 고전적인 중력과 시공간 개념이 성립하지 않는 거리 척도로, 독일의 물리학자 플랑크Max Karl Ernst Ludwig Planck가 1889년 제안한 플랑크단위로 표현하면 $\sqrt{\hbar G/c^3}$이 되고 1.6×10^{-35}m 에 해당한다. 여기서 $\hbar$는 플랑크상수 h를 2π로 나눈 값이고, G는 중력상수, c는 광속이다. 플랑크시간은 빛이 플랑크길이를 통과하는 데 걸리는 시간으로 10^{-43}초에 해당한다. 플랑크길이나 플랑크시간이 이렇게 작은 값이므로 이들 값의 불확실한 정도, 즉, Δx와 Δt의 크기도 이들 값 정도의 크기를 가진다고 유추할 수 있다. 위치나 시간의 불확실한 정도가 이렇게 작으면 $\Delta p \times \Delta x \geq \hbar$ 또는 $\Delta E \times \Delta t \geq \hbar$로 표현되는 하이젠베르크Werner Karl Heisenbergh의 불확정성원리를 적용했을 때 ΔE나 Δp가 아주 큰 값이 되어 이들의 물리량 자체인 에너지와 운동량이 엄청나게 큰 값이 된다.

실제 우주의 크기는 무한하더라도, 관측이 가능한 우주는 유한해 우주의 나이가 플랑크시간쯤 되었을 때 이 우주의 크기는 플랑크길이 정도라고 생각할 수 있다. 플랑크길이에 지금 우리가 보는 우주가 담긴다면 이 우주는 엄청나게 높은 온도와 밀도를 가질 수밖에 없을 것이다.

빅뱅 핵합성 이론

이렇게 대폭발로 시작한 우주는 팽창하며 온도가 낮아진다. 온도가 충분히 낮아진 뒤에는 쿼크, 양성자, 중성자, 전자, 뉴트리노 등 안정된 원소가 만들어지고, 온도가 더 낮아져 약 10억 도가 되면 수소와 수소의 동위원소, 헬륨과 헬륨의 동위원소가 만들어지고, 이와 함께 약간의 리튬이 만들어진다. 쿼크(물질을 구성하는 가장 기본적인 소립자. 양성자와 중성자는 3개의 쿼크로, 중간자는 쿼크와 그 반입자로 이루어진다. 쿼크에는 업 u, 다운 d, 스트레인지 s, 참 c, 보텀 b, 톱 t의 여섯 종류가 있다)가 발견된 것이 1970년대경이므로 가모브는 온도가 10억 도보다 높을 때의 우주 진화를 추론하는 것이 어려웠다. 가모브는 고온에서는 물질과 반물질이 생성과 소멸을 반복하지만, 물질이 반물질보다 조금 많아 결국 반물질은 모두 물질과 결합하여 빛을 내며 사라지고, 남은 물질로 양성자, 중성자와 함께 전자, 뉴트리노가 있다는 것을 아는 정도였다.

가모브는 핵물리학이 확립되지 않았음에도, 온도가 10억 도로 내려가면 원자핵 합성이 가능해져 오늘날 우리가 보는 원소들이 만들어진다는 '빅뱅 핵합성 이론'을 제안했다. 빅뱅 핵합성이 일어나는 시기는 빅뱅 후 10초에서 20분 사이로 생각되나 핵합성의 대부분은 3분 전에 끝났을 것이다. 가모브는 연구 초기에 모든 원소가 빅뱅 핵합성으로 만들어진다고 생각했으나, 호일의 생각을 일부 받아들여 헬륨보다 무거운 원소는 별의 내부에서 만들어진다고 견해를 바꾸었다.

호일은 1946년 수소를 제외한 모든 원소가 별의 내부에서 만들어진다고 제안했으나 가모브는 이를 그대로 수용하지 않고 헬륨은 수소와 함께 빅뱅 핵합성으로, 그 외는 별의 내부에서 만들어진다고 수정한 것이다. 호일도 가모브의 빅뱅 핵합성 이론 발표 후에는 헬륨이 빅뱅 핵합성으로 만들어진다는 것을 받아들였다.

가모브의 아이디어를 구체적으로 계산한 사람은 그의 박사 과정 학생이었던 앨퍼Ralph Asher Alpher다. 이들의 기념비적인 연구는 1948년에 발표되었다. 베테Hans Bethe도 이 논문의 저자인데, 여기에는 재미있는 일화가 있다. 원래 논문은 앨퍼와 가모브를 저자로 《물리학해설Physical Review》이라는 저널에 투고했다. 논문을 수정하는 중에 가모브의 유머 감각이 발동해 논문의 저자를 알파벳 순으로 하려고, 그들의 연구에 관심을 가진 핵물리학자 베테를 공동 저자로 끌어들였다. 앨퍼는 자신의 업적이 베테라는 유명한 물리학자의 그늘에 가릴 것 같아 공동 저자로 들어오는 것을 반기지 않았지만 결국 지도 교수인 가모브의 뜻에 따랐다. 이 논문은 저자들의 이름을 따 흔히 '$\alpha\beta\gamma$ 논문'이라 부른다. 앨퍼는 논문 출판 후 가모브를 계속 원망했으나, 베테는 이를 계기로 별의 내부에서 일어나는 원자핵 합성 연구를 시작했고, 결국 별의 에너지를 설명할 수 있는 원자핵 합성 이론을 완성했다. 베테는 업적을 인정받아 1967년 노벨물리학상을 받았다.

베테와는 다른 관점에서 원자핵 합성 이론을 제안한 사람이 있다. 정상우주론으로 유명한 호일이다. 그는 헬륨을 포함하여 수소보다 무거운 모든 원소는 별에서 만들어진다는 가설과, 철보다 무거운 원소들은 중성자의 포획을 통해 만들어진다는 이론을 세워 사실 베테 못지않은 업적을 남겼으나 노벨물리학상을 받지 못했다.

더구나 1983년 화학원소의 생성과 관련된 핵반응 연구로 파울러William Alfred Fowler가 노벨물리학상을 받자 많은 사람이 호일이 빠진 것을 이상하게 여겼다. 파울러의 가장 대표적인 논문이 1957년 발표한 'B^{2}FH'라는 것인데, 여기서 파울러의 기여가 다른 저자들에 비해 두드러지지 않았다고 생각하기 때문이다. 이 논문은 사실 호일의 아이디어로 추진되었고, 젊은 버비지 부부가 실험 자료를 정리했다. 더구나 원고를 집필한 사람이 마거릿 버비지Margaret Burbidge였다. 이 때문에 사람들은 핵반응과 관련하여 파울러만 조명받을 이유가 없다고 생각했다. 호일이 사람들에게 주목받지 못한 이유를 제프리 버비지Geoffrey Burbidge는 B^{2}FH는 《현대물리학Reviews of Modern Physics》에 실려 많은 물리학자가 읽었으나, 호일의 연구는 《천체물리학저널The Astrophysical Journal》에 실려 물리학자에게 제대로 알려지지 않았기 때문일 것이라고 이야기했다.

노벨위원회에서는 파울러의 노벨상 수상이 B^{2}FH 논문 때문이 아니라 그가 수행한 원자핵 반응 실험에 대한 기여라고 말했으나, 사람들의 뒷이야기는 수그러들지 않았다. 호일이 부당하게 대우받은 이유로 그가 표준우주론으로 받아들여지는 빅뱅우주론을 부인하는 점을 들기도 했다.

　　호일은 펄서의 발견으로 휴이시Antony Hewish가 노벨물리학상을 수상하고, 펄서를 실제 발견한 박사후연구원인 벨Jocelyn Bell이 수상자에서 빠진 것을 보고 노벨위원회를 극렬하게 비난했다. 호일의 이러한 이력도 수상에서 제외되는 데 한몫했으리라. 그런데 어느 유력 잡지사의 편집인은 호일이 노벨상 수상에서 빠진 이유에 대해 노벨상은 어떤 한 업적만을 따지는 게 아니라 그의 인생을 평가하는 것이라고 말하며 호일을 에둘러 폄하했다.

우주배경복사의 발견

우주는 팽창과 함께 온도가 내려가고, 충분히 온도가 내려가면 전자가 양성자나 헬륨의 핵 등 이온들과 재결합하게 된다. 전자가 원자에 갇히면 전자에 의한 산란이 사라져 빛이 자유롭게 빠져나와 우주에 퍼져 나가게 되고 이것이 우주배경복사로 관측된다. 이러한 현상이 일어난 재결합 시기는 우주의 나이가 38만 년이 되었을 때이고, 이때 나온 복사가 우주의 팽창으로 식어서 관측된다. 우주배경복사는 1946년 디케Robert H. Dicke와 가모브에 의해 처음 예측되었으며, 1948년 앨퍼와 허먼Robert Herman도 우주배경복사의 존재를 예측했다. 우주배경복사 온도는 학자에 따라 다르게 예상되었지만, 1990년대 초에 우주배경복사 탐사선, 코비Cosmic Backround Explorer, COBE 관측을 통해 2.73K의 흑체복사임이 밝혀졌다.

우주배경복사의 구체적 예측은 1948년 앨퍼와 허먼에 의해 이루어졌으며, 앨퍼의 스승인 가모브도 무관하지 않다. 이들은 우주배경복사가 완벽한 흑체복사에 해당하고, 흑체의 온도는 5K로 추정했다. 이때부터 우주배경복사가 발견될 때까지 많은 사람이 흑체의 온도를 계산했는데, 그 가운데 프린스턴대학의 디케도 있었다. 디케는 우주배경복사를 직접 측정하기 위해 전파검출기를 제작하기도 했다. 그러던 중 1965년 이웃에 있는 벨연구소의 펜지어스와 윌슨에 의해 우연히 우주배경복사가 발견되었다.

펜지어스와 윌슨은 그들이 만든 전파망원경에서 계속 잡음이 잡혀 이를 해결하기 위해 온갖 노력을 다 기울였다. 잡음이 지상의 어떤 방향이나 하늘의 어느 천체에서 왔을 수도 있어 방향을 바꾸면서 관측해도 잡음은 어느 쪽에서나 일정했다. 원인을 찾지 못해 고민하고 있을 때 찾아온 한 친구가 프린스턴대학의 세미나에서 빅뱅의 잔재로 우주의 모든 방향에서 전파가 온다는 이야기를 들었다고 했다. 그들은 곧 프린스턴대학의 디케를 방문했고, 자신들이 관측한 것이 우주배경복사임을 알 수 있었다. 이즈음 디케는 전파수신기를 만들어 스스로 6K로 예측한 우주배경복사를 직접 관측할 계획이었는데 펜지어스와 윌슨이 먼저 관측한 것이다.

은하의 화학적 진화

우주배경복사의 발견으로 빅뱅우주론이 받아들여지자 수소와 헬륨은 빅뱅에서, 헬륨보다 무거운 원소는 별의 내부에서 합성된다는 것이 폭넓게 수용되었다. 별에서의 원소 합성은 별의 진화에 의존하고, 별의 진화는 별의 질량에 따라 달라지므로 별의 질량에 따라 원소 합성 양상이 달라진다. 태양 정도의 질량을 가지는 별은 내부에서 탄소와 산소 등이 만들어지나 일부만 거성 단계에서 항성풍의 형태로 주위와 섞이고 남은 부분은 백색왜성(질량이 작은 별이 진화의 마지막 단계에 도달하는 밀도가 매우 높은 별. 에너지원이 없기 때문에 점차 식어 흑색왜성이 된다)으로 남아 성간물질로 되돌아오지 않는다.

　　질량이 태양질량의 10배가 넘는 경우 별의 내부에서는 탄소에서 철에 이르는 각종 원소가 만들어지고, 이들이 초신성으로 폭발하며 주위의 성간물질과 섞이게 된다. 철보다 더 무거운 원소도 초신성 폭발 시 원소들이 중성자를 포획하여 만들어지고, 다른 원소와 함께 성간물질에 뒤섞인다. 백색왜성 역시 주변에 동반성이 있으면 동반성의 물질이 백색왜성으로 넘어갈 수 있고, 백색왜성은 제1형 초신성으로 폭발하며 별 내부의 물질이 모두 주위의 성간물질로 되돌아갈 수 있다.

결국 우주의 화학조성은 초신성 폭발이 얼마나 많이 일어나느냐에 달려 있다. 태양은 은하가 만들어진 후 80억 년 이상이 지나고 생성되었으므로 중원소가 많고, 지구도 태양과 같은 성간 구름에서 만들어져 탄소나 산소, 철 등 각종 중원소가 많아 탄소를 기반으로 한 생명체가 발현될 수 있었다. 몸을 구성하는 원소도 결국 별의 내부에서 만들어졌으니 별이야말로 우리의 기원인 셈이다.

은하의 화학적 진화는 은하를 이루는 성간물질과 별의 화학조성이 우주의 나이와 함께 변하는 것을 말한다. 이러한 화학적 진화는 별생성율에 의해 지배되며, 별 생성이 활발하면 화학적 진화가 빠르게 진행되고, 활발하지 않으면 천천히 일어난다. 물론 화학적 진화에 영향을 끼치는 물리량에 별생성율만 있는 것은 아니나 이것이 가장 중요한 역할을 한다. 별생성율에 대한 최초의 연구는 슈미트에 의해 이루어졌으며, 그는 별생성율(Ψ)이 가스 질량(m_g)의 멱함수에 비례한다는 슈미트 법칙, $\psi = km_g^{n}$을 만들었다. 여기서 n은 1~2의 값을 가지며, 이후 케니컷Robert Kennicutt에 의해 보완되어 지금은 케니컷-슈미트 법칙으로 불린다.

1970년대에 들어 은하의 화학적 진화 연구가 본격적으로 수행되었다. 이 분야 연구의 초기 단계에 영국 태생의 뉴질랜드 천문학자 틴슬리Beatrice Tinsley가 두드러진 활약을 보였으나 안타깝게도 흑색종 암 때문에 40세의 나이로 세상을 떠났다. 그가 세운 화학적 진화 방정식은 지금도 은하의 화학적 진화를 연구하는 기본 틀이 된다. 최근에는 이탈리아의 천문학자 마테우치Francesca Matteucci가 화학적 진화 연구를 이끌고 있는데, 이 분야에서는 여성 천문학자들의 공헌이 크다.

은하의 화학적 진화와 관련된 관측 자료가 1970년대에는 많지 않았지만, 가장 두드러진 관측 사실은 태양계 주변에 있는 G형 왜성에서 중원소 함량이 적은 별이 지나치게 많다는 것이었다. 이는 은하의 진화 초기에 G형 왜성이 많이 만들어졌음을 의미하며, 단순한 닫힌 모형으로는 설명할 수 없어 'G형 왜성 문제'라고 불렀다. 이를 해결하기 위해 몇 가지 가정이 적용되었다. 이시우 교수님이 도입한 가정은 태양계 주변이 열린계로서 물질이 들어오거나 나갈 수 있고, 이때 들어오고 나가는 성간물질의 질량이 별생성률에 비례한다는 것이었다. 이시우 교수님은 이러한 추정과 함께 중원소가 없는 가스가 외부에서 유입되는 것을 가정하여 관측 사실과 부합되는 모형을 만들 수 있었다.

위에서 언급한 G형 왜성의 중원소 함량 관측 자료는 분광 관측에 의한 것이고, 관측값이 3개뿐이라 좀 더 구체적인 자료를 모형과 비교하고 싶었다. 이를 위해 태양계 주변 별들의 측광 자료로부터 이들의 금속 함량과 나이를 구해 모형과 비교했는데, 결과는 성공적이었다. 이 분석에 많은 시간이 걸렸지만 1984년 가을, 교토에서 열린 제3차 국제천문연맹IAU 아시아-태평양 지역회의에서 발표할 수 있었고 반덴버그가 내 연구에 관심을 보였다.

당대의 대표적 천문학자들

교토 회의는 내가 참가한 첫 국제회의였다. 참가자 대부분은 일본, 중국, 우리나라, 대만에서 왔고 미국과 캐나다, 호주의 학자들도 참석했으나 많지는 않았다. 이 회의가 3년마다 열리는 IAU 총회의 보조 성격이고, 아시아 지역의 학자들을 위한 것이라 생각하기 때문이다. 그래서 회의를 준비하는 조직위원회는 분야별 대가들을 특별히 초대했는데, 반덴버그와 프리먼Kenneth C. Freeman이 그들이었다.

반덴버그는 은하를 연구하는 당대의 대표적인 천문학자라 은하 연구자들에게는 그를 만날 수 있는 것이 큰 기회였다. 나 역시 반덴버그의 논문을 읽으며 언젠가 만나고 싶었기에 이야기를 나눈 일은 행운이었다. 반덴버그는 전파 관측이나 성간물질을 다룬 것 같지 않지만 산개성단, 구상성단, 우리은하의 구조와 진화, 외부은하, 우주론 등 천문학의 많은 분야에 중요한 업적을 남겼다. 그는 조직위원회의 요청으로 회의 기간 중 발표된 연구 내용을 요약했는데 역시 대가의 면모가 돋보였다. 나는 포스트 발표를 했는데 내 연구도 언급하는 것을 보니 어느 하나 허투루 지나치지 않은 것 같다. 내가 연구와 관련하여 질문을 했고, 그는 친절하게 답했다. 이것이 반덴버그와의 첫 인연이었는데 이때의 만남으로 1992년 캐나다 국립천문대인 DAO에서 1년 남짓 방문 연구를 할 수 있었다.

반덴버그는 많은 분야에서 중요한 업적을 남겼지만 은하를 연구하는 나에게는, 그의 독창적인 은하 분류법이 인상적이었다. 그의 은하 분류는 소리굽쇠 도표(부록 참고)라 불리는 허블의 분류를 골간으로 하지만 중요한 점에서 차이가 있다. 그는 렌즈형은하를 타원은하와 나선은하 사이에 둔 허블 분류와 달리, 나선은하에 평행한 위치로 가져와 흔히 평행 계열 분류로 부른다. 이 분류는 2012년 코멘디John Kormendy의 연구로 구체화되어 많은 관심을 받고 있다.

반덴버그의 중요한 은하 관련 연구 중 하나는 은하의 광도 계급을 정해 이를 이용해서 은하의 거리를 알 수 있게 한 것이다. 광도 계급은 팔로마천문대의 사진 건판을 분석하여 알게 된 것인데, 나선은하의 광도가 나선팔의 모양과 관련 있음을 이용했다. 지금은 은하의 분광 관측이 광범위하게 이루어져 거리를 구하는 수단으로 광도 계급을 사용하는 경우는 드물지만, 당시에는 은하의 거리를 구하는 유력한 수단으로 쓰였다.

교토 회의에서 만난 이가 반덴버그만 있는 것은 아니다. 은하 역학의 대가 프리먼을 만난 일 또한 행운이었다. 국내 천문학자 중

프리먼의 제자가 몇 명 있는데, 그 때문인지 우리나라의 천문학 사정에 관심이 많았다. 그는 1960년대에 학위 논문으로 막대은하의 역학을 연구했으나 그 후에는 막대은하에 국한하지 않고 우주론 등 다양한 연구를 수행하고 있었다.

프리먼은 항상 젊은 천문학자들의 연구에 호기심이 많았는데 나를 만나자마자 바로 학위 논문 주제를 물었다. 막대은하의 표면 측광이라고 했더니 걱정하는 얼굴로 어디서 할지 다시 물었다. 우리나라에서는 이러한 연구가 불가능함을 알고 있어 걱정한 것이다. 기소천문대에서 관측과 자료 처리를 할 예정이라고 이야기하니 '기소천문대라면 문제없다'고 했다. 우리나라와 일본의 사정을 잘 알고 있었다. 이 만남 이후 다른 회의에서도 프리먼을 자주 만났는데, 그때마다 나는 이것저것 궁금한 것을 물었고, 그는 항상 명쾌하게 설명해주었다.

기소천문대와 막대은하

슈미트망원경

기소천문대는 구경 105센티미터 슈미트망원경이 설치된 곳이다. 슈미트망원경은 '슈미트카메라'라고도 한다. 사진 건판으로 천체의 사진을 찍는 데 특화된 망원경이기 때문이다. 슈미트망원경의 가장 큰 장점은 시야가 넓어 한 장의 사진 건판에 하늘의 넓은 영역을 담을 수 있는 것이다. 세계에서 운용 중인 대표적인 슈미트망원경은 팔로마천문대의 120센티미터 망원경과 호주 사이딩스프링천문대에 영국이 설치한 UK 120센티미터 망원경이 있다. 이들의 시야각은 6° × 6°로 코닥의 36센티미터 사진 건판을 사용해 관측한다. 기소천문대의 망원경 구경은 팔로마천문대의 것이나 UK 슈미트망원경보다 15센티미터 정도 작지만 같은 시야각을 가지고 있고, 사용하는 사진 건판도 이들과 같은 코닥의 36센티미터다.

슈미트망원경의 원형은 1930년 독일의 베른하르트 슈미트Bernhard Schmidt가 만들었다. 개발과 관련된 일화를 살펴보자. 슈미트는 광학 기술자다. 그는 1929년 필리핀섬에서 볼 수 있는 개기일식 관측을 위해 떠난 함부르크천문대 원정팀의 일원이었다. 원정대장인 바데Walter Baade와 함께 긴 항해를 하며, 둘은 광시야 반사망원경의 필요성에 대해 많은 토론을 할 수 있었다. 원정에서 돌아온 슈미트는 반사경으로 구면경을 사용하고, 구면경의 구면수차를 보정하는 렌즈를 도입하여 넓은 시야를 가지는 슈미트망원경을 만들 수 있었다. 광학 기술자와 탁월한 천문학자의 만남이 천문학 발전에 크게 이바지하게 되는 슈미트망원경을 탄생시킨 것이다.

바데는 윌슨산천문대에서 일하게 되자 1936년 츠비키Fritz Zwicky와 함께 46센티미터 슈미트망원경을 제작하여 팔로마산 정상에 설치했다. 이 망원경은 츠비키의 초신성 탐사에 사용되었다. 또한 바데는 1948년 팔로마천문대에 120센티미터 슈미트망원경을 건설하여 전천 탐사를 할 수 있었다. 팔로마 120센티미터 슈미트망원경의 전천 탐사 건판과 인쇄물은 복제되어 전 세계 천문학자들이 접할 수 있었고, 관측에 사용하는 성도 제작에 널리 이용되었다. 내가 대학원에 다닐 때 서울대학교 천문학과와 국립천문대에도 이 자료가 있어서 관측 준비에 많은 도움이 되었다. 물론 지금은 디지털화되어 컴퓨터에서 하늘의 모든 영역이 검색되고, 필요한 영역을 내려받아 사용할 수 있다.

윌슨산천문대에서 바데는 많은 업적을 남겼다. 그중 가장 중요한 업적은 별의 종족 구분으로, 별은 종족에 따라 금속 함량이나 운동학적 특성이 다르고, 공간 분포도 다름을 발견한 것이다. 세페이드 변광성 또한 종족 I인 별과 종족 II인 별이 있는데, 바데는 종족 I 세페이드가 주기가 같은 종족 II 세페이드보다 1.5등급 더 밝다는 사실을 알 수 있었다. 이 발견으로 인해 우주의 크기를 측정하는 척도가 변경되었으며, 우주의 크기는 2배 더 커졌다. 바데의 종족 구분에 대한 연구는 1952년 IAU 로마 회의에서 발표했고, 그 후 바데는 세계에서 가장 유명한 천문학자가 되었다.

별의 종족 발견은 어떤 면에서 보면 우연히 이루어진 일이다. 제2차 세계 대전 중인 1943년, 로스앤젤레스 도시 전체의 등화가 통제되어 도시의 빛이 사라진 날, 바데는 윌슨산천문대의 2.5미터 후커망원경을 사용해 안드로메다은하의 중심부에서 별들을 분리할 수 있었다. 이 별들은 원반의 가장자리에 있는 별과 확연히 구별되어 바데는 원반의 가장자리에 있는 별을 종족 I, 중심부에 있는 별은 종족 II로 구분했고, 은하 내의 위치에 따라 별의 종족이 달라짐을 알 수 있었다.

바데의 인생에는 극적인 것이 많다. 독일에서 태어난 바데는 제1차 세계 대전 이후 함부르크천문대에서 일하던 중, 1925년 미국 해안에서 개기일식을 관측하게 되었다. 이때 바데는 섀플리 등 많은 천문학자를 만났다. 섀플리는 바데의 비범함을 알아보고 그가 미국에서 연구할 수 있게 주선했다. 바데는 록펠러재단의 지원을 받아 1927년 하버드대학 천문대를 시작으로 여키스천문대, 릭천문대, 윌슨산천문대, 캐나다 도미니언천문대 등에서 연구할 수 있었다. 이를 계기로 바데는 결국 윌슨산천문대에서 자리 잡을 기회를 얻어 허블, 휴메이슨 등과 같이 일하게 되었다. 또한 바데는 이와 비슷한 시기에 칼텍California Institute of Technology, Caltech에 있던 스위스의 천문학자 츠비키를 만나 몇 가지 주제를 함께 연구하게 되었다.

바데와 츠비키의 공통점은 유럽 출신 젊은 천문학자이며 록펠러재단의 장학금으로 미국에 올 수 있었다는 점이고, 차이점은 성격이었다. 바데는 누구와도 쉽게 어울리는 점잖은 학자였던 반면, 츠비키는 천재성에 기인한 까다로운 성격을 지녔다. 그럼에도 바데와 츠비키는 1934년에 2편의 기념비적인 논문을 공동으로 출판했다. 하나는 초신성이 신성과는 다른 것으로 별 진화의 마지막 단계에 일어나는 폭발 현상이며, 이 과정에서 중심부에 중성자별(중성자로만 이루어진 밀도가 매우 높은 천체. 질량이 큰 별이 초신성으로 폭발한 뒤 남은 잔해다)이 만들어짐을 예측한 논문이다. 또 하나는 우주선cosmic rays의 기원을 밝힌 논문으로, 높은 에너지를 가지는 우주선이 초신성에서 온다고 추측한 것이다.

바데는 츠비키의 초신성 탐사를 도우며 친밀하게 지냈으나, 제2차 세계 대전이 일어난 뒤에는 독일인이라는 이유로 츠비키로부터 많은 괴롭힘을 당했다. 생명의 위험을 느꼈다고 술회할 정도였으니 둘의 관계가 얼마나 나빴는지 짐작할 수 있다.

측광학적 특성을 담은 은하 목록

기소천문대의 슈미트망원경은 팔로마천문대의 구경 120센티미터 슈미트망원경과 같은 시야각을 가지며, 사진 건판을 이용한 탐사 관측이 주목적이다. 사진 건판의 시야가 6° × 6°이니 시직경이 0.5도 정도인 달이나 태양을 가로세로 12개씩, 전체 144개를 담을 수 있다. 천체망원경으로서는 극단적으로 큰 시야를 가진 셈이다.

내가 기소천문대를 방문하던 시기에도 탐사 과제가 진행되고 있었다. 이 프로젝트의 목적은 북반구의 밝은 은하를 모두 관측해 측광학적인 특성을 담은 은하 목록을 만드는 것이었다. 북반구 은하의 가장 중요한 목록은 '섀플리-에임즈 은하 목록'이다. 여기에는 은하의 좌표와 허블 분류, 절대등급 등이 실려 있으나 측광학적 특성은 없어 이를 보완할 목록을 만들기로 한 것이다. 이를 위해 기소천문대는 밝은 은하의 표면 측광을 수행해 은하의 광도 분포 특성을 분석하고 목록에 수록하고자 했다. 대단히 야심 찬 작업으로, 도쿄대학 박사 과정 학생이 많이 참여했다.

이를 위한 필수 시설은 사진 건판의 농도를 읽어 2차원 농도 분포를 측정하는 사진 농도 측정기와 표면 측광에 필요한 계산을 담당할 컴퓨터였다. 과제를 수행하기 위해 기소천문대는 컴퓨터로 제어하는 고성능 사진 농도 측정기를 설치했고, 당시로는 가장 성능이 좋은 컴퓨터인 와콤 S-3500을 도입해 필요한 계산을 가능하게 했다. 이 과제는 오카무라Sadanori Okamura가 주도했으며 내가 갔을 때 관측은 이미 상당히 이루어진 상태였다.

오카무라는 석사 과정에서 은하의 사진측광으로 은하의 표면 측광을 할 수 있는 소프트웨어를 만들기 시작했고, 박사 과정에서 이를 완성하여 SPIRALSurface Photomery Interactive Reduction and Analysis Library이라는 이름을 붙였다. 내가 기소천문대를 처음 방문했을 때 와콤 S-3500이 막 사용되었고, 기술자가 상태 점검을 위해 정기적으로 방문했다. 이 컴퓨터는 고해상도 영상 디스플레이 장치를 갖추어 2차원 영상 자료를 처리하기에 편리했다. 지금은 집에서 사용하는 PC도 고해상도 영상을 처리할 수 있지만, 그때는 애

플이나 IBM PC의 모니터가 영상은 처리하지 못하던 시절이라 기소천문대의 영상 처리 장비는 최첨단이었던 셈이다. 몇 년 빨리 기소천문대에 방문했다면 이러한 시설이 갖추어지지 않았을 테니 내 연구에도 운이 많이 따르는 것 같다.

천문대에 도착한 다음 날 오전, 오카무라가 한 시간 남짓 SPIRAL 사용법을 설명해주었다. SPIRAL에는 은하의 표면 측광에 필요한 모든 작업을 수행하는 프로그램이 들어 있었다. 전 과정은 자동화되었지만, 각 단계에 사람이 개입할 수 있도록 하여 최상의 결과를 얻게 했다. 나는 빠르게 SPIRAL을 익혀, 내가 체류하는 동안 도쿄대학나 교토대학의 대학원생이 오면 이들에게 사용법을 설명해주곤 했다. 1985년 여름방학 기간에 방문했던 이후로는 오카무라가 SPIRAL 개선에 필요한 프로그램 작성을 부탁하기도 했다. 이처럼 나는 기소천문대 은하 그룹의 일원처럼 함께 일하게 되었고, 다른 직원들과도 잘 어울려 가족으로 녹아들었다.

기소천문대는 일본 북알프스의 남단에 있는 온타케산에서 17킬로미터밖에 떨어지지 않은 곳에 자리했다. 산으로 둘러싸인 고원지대라 경치가 좋았다. 점심 식사를 마치고 주변을 산책하며 먼 산의 경치를 누렸고, 때로는 이곳 사람들과 같이 운동을 했다. 탁구는 어느 계절이나 즐겼으며, 여름에는 야구도 했다. 이런 때는 천문학자뿐 아니라 기술자나 사무직 직원들도 함께였다.

막대은하 연구를 위해 머문 기소천문대 생활은 무척이나 단조로웠다. 식사 시간을 제외하곤 대부분 컴퓨터실에서 관측한 자료를 해석하기 위한 코드를 짜며 보냈다. 수천 줄의 프로그램을 일일이 키보드로 입력해야 했고, 끝없이 오류를 수정해야 했다. 코드가 완성된 뒤에는 이를 이용해 관측 자료를 분석했는데 많은 시간이 필요했다. 나는 참 지독히도 열심히 했다. 가장 먼저 컴퓨터실에 나타나 가장 늦게 나왔다. 연구의 막바지에 이르렀을 때는 네다섯 시간밖에 자지 않았다. 기소천문대 직원들은 이런 나를 슈퍼맨이라 부르기도 했다.

1986년 겨울까지 방학마다 기소천문대를 방문해 논문에 필요한 관측과 자료 분석을 마무리할 수 있었다. 이곳에 가면 보통 두 달쯤 머물렀다. 비교적 긴 시간이니 종종 도쿄대학 천문학과나 도쿄대학 미타카천문대에서 열리는 세미나에 갔다. 도쿄의 세미나에 가는 경비는 모두 천문대에서 지원해주었다.

오카무라는 내 학위 논문의 실질적인 지도 교수 역할을 했다. 그는 영국 에든버러천문대에 박사후연구원으로 1년 반 있었는데, 영어도 유창하게 구사하고 모든 일에 능동적이었다. 매우 성실하여 정말 배울 것이 많았다. 기소후쿠시마의 관사에서 지내며 내가 방문할 때마다 한번씩 저녁 식사에 초대하는 친절을 베풀었다. 오카무라는 밝은 은하의 측광 목록이 완성된 후 기소천문대에서 도쿄대학 천문학과로 옮겨갔다. 뛰어난 역량 덕분에 IAU 은하 분과 위원장을 맡기도 했고, 말년에는 도쿄대학의 부총장을 역임했다.

막대은하 연구의 시작

학위 논문 주제로 막대은하를 택한 데는 이유가 있다. 은하에 대한 과거 연구를 살펴보니 타원은하나 막대가 없는 보통 나선은하는 이미 많은 연구가 되어 있었다. 구 대칭이거나 축 대칭의 경우 장축 방향의 광도 분포만 분석해도 은하의 광도 분포 특성을 알 수 있어 다양한 연구가 이루어진 것이다. 막대은하의 경우 축 대칭이 아니기 때문에 2차원 광도 분포를 분석해야 한다. 이는 복잡할 뿐 아니라 시간이 오래 걸려 대상으로 잘 삼지 않았다. 나로서는 은하에 늦게 뛰어들었으니 이왕이면 연구가 덜 이루어진 대상을 주제로 삼는 것이 좋을 듯했다.

기소천문대에서 수행한 막대은하 연구는 순조롭게 진행되어 1986년 겨울방학 방문을 끝으로 마무리했다. 남은 작업은 국내에서 할 수 있었고, 내용을 정리하여 논문 쓰는 일만 남았다. 논문 작성은 내가 수행한 연구뿐 아니라 다른 사람들의 선행 연구도 살펴봐야 해서 부산대학교와 서울대학교 도서관에 자주 갔다. 물론 서울대학교 도서관의 경우 읽을거리를 모아서 2주에 한 번 정도 방문하고, 여름방학에는 아예 서울대학교에서 연구를 했다. 서울에 있는 동안 아내와 딸도 함께 왔고 장인, 장모님이 손녀를 극진히 돌봐주셨다.

여름방학이 끝나기 전에 논문 초고를 완성하여 부산으로 돌아왔다. 이시우 지도 교수님은 부산을 방문하여 이틀 동안 함께 지내면서 논문을 자세히 검토해주셨다. 내 연구는 막대은하를 관측해 이들의 광도 분포를 분석하는 내용이었다. 막대에 의한 광도 기여를 제대로 고려하기 위해 2차원 성분 분해 프로그램을 만들어 원반과 중앙팽대부(나선은하나 렌즈형은하에서 중심부에 별들이 밀집하여 부풀어 오른 것처럼 보이는 구조)뿐 아니라 막대의 광도 분포를 분석할 수 있었다. 은하의 광도 분포를 2차원 성분으로 분해한 것은 내가 처음인 것 같았다. 이 때문에 학위 후 1988년 여름, 볼티모어에서 열린 IAU 총회의 합동 토론 세션에서 연구 내용을 발표했을 때 많은 관심을 받았다.

막대은하 연구는 제자들에게 이어지지 못했으나, 나의 정년을 몇 년 앞두고 경북대학교 박명구 교수의 지도를 받는 이윤희에 의해 계승되었다. 이윤희와의 인연은 그의 석사 학위 논문 심사 위원으로 활동하면서 시작되었다. 박사 과정에 들어간 이윤희가 학위 논문의 주제로 막대은하 연구를 택해 내가 지도해주길 원한 것이다. 지도 교수인 박명구 교수의 권유였을 듯하다. 막대은하 연구를 제자들이 이어받지 못한 이유는 박사 과정에 들어온 학생이 몇 명 되지 않았고, 그들이 산개성단(수십에서 수천 개의 별로 구성된 집단으로 별들이 느슨하게 흩어져 열린 모양으로 분포하는 성단) 연구를 선호해서다. 산개성단 역시 내가 연구해온 분야이기도 하다. 강용우가 먼저 산개성단의 역학적 진화를 연구했고, 이상현이 강용우의 연구를 좀 더 확대했다. 그 뒤에 들어온 박종철은 원반의 휨 현상을 연구하여 결국 이윤희에 이르기까지 제자 중 아무도 막대은하를 연구하지 않았다.

내가 이윤희와 함께 해보고 싶었던 것은 은하 영상으로부터 구한 중력 위치에너지 분포를 이용하여 막대의 세기를 구하고, 이로써 막대은하를 다른 은하와 구분하는 일이었다. 이윤희는 이 작업을 잘 수행했고, 막대의 세기를 구하는 다른 방법과의 장단점을 파악할 수 있었다. 이를 위해 연구 초기에 이윤희가 적어도 한 달에 한 번 이상 부산대학교로 찾아와 연구 결과를 설명하고 지도를 받았다. 결국 성공적으로 끝나 그는 학위를 마칠 수 있었고, 후속 논문들을 작성하며 한국천문연구원에 들어갔다.

이윤희는 내가 지도한 학생 중 가장 많은 토론을 나눈 이였으며, 그만큼 우리는 좋은 논문을 쓸 수 있었다. 이윤희 박사는 지금도 계속 나와 연구를 진행 중이다. 이 박사 덕분에 그동안 손을 놓고 있었던 막대은하 연구로 다시 돌아와 즐겁고, 정년 후를 보람차게 보내고 있다. 정말로 행복한 일이다.

전 세계 천문학자들의 모임

학위를 마친 지 얼마 되지 않은 1988년 여름, 미국 볼티모어에서 IAU 총회가 열린다는 것과 함께 최근에 학위를 받은 젊은 천문학자를 초대한다는 소식을 들었다. 많은 사람을 만날 좋은 기회였다. 더욱 잘된 건 이전의 총회와 달리 기간도 길고 다양한 학술 대회가 열린다는 점이었다. 이전에는 안건 처리를 위한 몇 차례 총회와 주요 이슈에 대한 초청 강연 등으로 구성되어 젊은 학자들이 많이 참가하지 않았다. 이번부터 형식을 바꾸어 2주간 총회를 열고, 한 주제에 닷새 정도가 필요한 여러 심포지엄을 포함하여 2~3일의 특별 세션과 합동 토론 등 다양한 형태의 학술 회의를 열기로 한 것이다. 젊은 천문학자들의 참가를 독려하기 위해서다. 이 때문에 각 기관에 젊은 천문학자를 초대하는 공문이 발송되었고, 나는 서울대학교에 온 것을 보고 참가를 결심하게 되었다.

IAU는 전 세계 천문학자들의 모임으로, 100년 이상의 역사와 전통을 가진 국제기구다. 본부는 파리에 있으며 3년마다 한 번 총회를 개최하고, 그 사이에 지역 회의가 열린다. 내가 1984년에 참가한 교토 회의가 바로 지역 회의다. IAU 총회는 천문학에 관련된 주요 안건들을 결정한다. 예를 들어, 2006년 프라하 총회에서는 행성의 조건을 정하여 명왕성을 행성에서 제외했고, 2018년 비엔나 총회에서는 우주의 팽창을 나타내는 허블 법칙을 허블-르메트르 법칙으로 바꾸었다. IAU는 회원국의 회비로 운영되며, 의사 결정을 위한 투표권은 회비를 내는 데 비례하여 주어지나, 예산이 들지 않는 안건은 국가별로 한 표씩 투표권이 있다. 위에서 예로 든 명왕성 건처럼 많은 사람이 관심을 가지는 안은 총회 참가자 모두에게 한 표씩 투표권을 준다. 안건별로 합리적인 선택을 하는 것이다.

그동안 총회는 주로 중견 학자나 원로 학자가 참가했으나 1988년 총회부터 분위기가 확 달라져 젊은 천문학자도 대거 참가했다. 주요 이슈를 다루는 심포지엄이 총회 기간 중 10개 정도 열리니 거의 모든 학술 분야가 포함되고, 여기에 특별 세션이나 합동 토론 등의 소규모 회의까지 있어 참가자가 많을 수밖에 없다. 이런 연유로 국내에서도 경희대학교 민영기 교수님이나 서울대학교 홍승수 교수님, 청주대학교 장경애 교수님 등이 오셨고, 나와 같은 젊은 학자 몇몇도 참가했다.

IAU 볼티모어 총회

볼티모어 학회에 가는 길에 도쿄 미타카천문대에 들러 세미나를 가졌다. 내 학위 논문은 도쿄대학의 시설을 이용해 이루어졌고, 오카무라가 실질적인 지도 교수 역할을 했기에 연구 결과를 이들에게 알리는 것이 필요하다고 생각했다. 오카무라에게 미타카에서 학위 논문 내용을 발표하고 싶다고 해서 세미나가 성사되었다. 방학 기간임에도 많은 사람이 참석했고, 발표를 성공적으로 마칠 수 있었다. 하룻밤을 미타카천문대 숙소에서 보내고 나리타공항을 거쳐 볼티모어로 향했다.

미국은 처음이었다. 시카고공항으로 입국하여 국내선으로 갈아타고 볼티모어로 가는 여정이었다. 시카고에 내려 입국 심사를 하는데 내 앞 승객의 소지품 검사에 시간이 많이 걸려 예정된 비행기로 갈아탈 수 없었다. 공항 측에서 저녁 늦게 볼티모어행 비행기가 있으니 그것을 이용해도 되고, 워싱턴 D.C.로 가는 비행기가 바로 있으니 그 편을 타고 볼티모어로 가도 된다고 했다. 워싱턴 D.C.에 가면 버스로 한 시간이면 볼티모어에 도착한다기에 항공편을 바꾸어 워싱턴 D.C.로 갔다.

공항에 도착하여 짐을 기다리는데 내 것은 보이지 않았다. 짐을 관리하는 사무실에 가서 사정을 이야기하니 그럴 리가 없다며 다시 찾아보라는 것이다. 다시 봐도 없어, 사무실에 갔더니 이번에는 사무원이 컴퓨터로 짐을 조회해보곤 내 짐이 볼티모어에 가 있다고 했다. 가져다줄까 묻기에 나를 짐이 있는 볼티모어공항으로 보내달라고 했다. 사무원이 자기들 실수이니 그렇게 하겠다며 택시를 호출해주어 한 시간쯤 걸려 볼티모어공항으로 갈 수 있었다.

공항에서 짐을 찾아 대합실로 가니 IAU 팻말을 든 사람들이 눈에 띄었고, 몇몇 참가자가 모여 있었다. 적당히 사람이 모이면 셔틀로 회의가 열리는 메릴랜드대학에 가는 모양이다. 얼마 후 차는 출발했고, 6~7명이 함께 캠퍼스로 향했다. 대부분 나처럼 젊은 사람들이었다.

등록 장소에 가서 숙소를 배정받았는데, 놀랍게도 대학 동기인 최승언 교수와 같은 방을 쓰게 되었다. 그는 미네소타대학에서 학위 후 서울대학교 지구과학교육과에서 교수로 재직하고 있었다. 모교에 1년간 교환 교수로 있다가 바로 이곳으로 온 것이다. 무척 반가웠다. 이번 총회에 그도 참가하는지 몰랐는데 이렇게 기숙사 방에서 만나다니! 이런저런 이야기를 나누다 환영 리셉션에 갔고, 이렇게 볼티모어 총회 참석이 시작되었다.

한꺼번에 워낙 많은 학술 회의가 동시에 진행되니 참석할 회의장을 찾는 것도 일이었다. 안내 책자를 열심히 뒤져 듣고 싶은 발표를 골라 회의장으로 갔다. 니에토Jean Nieto가 좌장을 맡은 합동 토론이었는데, 은하의 광도 분포를 많이 다루어 그곳을 택한 것이다. 니에토는 프랑스 천문학자로, 그의 표면 측광 논문을 읽은 적이 있었다.

오후 회의가 끝나갈 즈음, 다음 날 발표하기로 한 사람이 사정이 있어 못 오게 되어 자리가 비었으니 발표를 원하는 사람은 좌장에게 이야기하라고 했다. 나는 좋은 기회라고 생각했다. 이미 미타카에서 발표한 자료가 있으니 준비는 어렵지 않았다. 회의를 마칠 즈음 니에토를 찾아가 발표하고 싶다고 하니 선뜻 그렇게 하라고 했다.

숙소로 돌아가는 길에 장경애 교수님을 만나 발표하게 되었다고 전하자 반색하시며, 본인의 지도 교수님은 논문 발표 연습을 철저히 시키셨는데, 원고를 보지 않고 완벽하게 말할 수 있어야 했다고 하며, 준비를 충분히 하라고 하신다. 방에는 최승언 교수가 이미 와 있었다. 상황을 이야기하자 연습을 도와주겠다고 했다. 고마운 친구다. 최 교수와 같은 방을 쓰게 된 것이 행운이었다.

회의에 참가해서 다른 사람들의 발표를 듣는데 하버드 스미스소니언 천체물리센터CfA의 켄트Stephen M. Kent가 발표한 내용이 인상적이었다. 회전 곡선이 관측된 나선은하를 관측해 광도 분포를 구하고, 이를 이용하여 은하의 질량 모형을 연구한 내용이었다. 관측은 1983년에서 1984년 사이에 휘플천문대의 0.6미터 반사망원경과 CCD Charge Coupled Device(전하결합소자. 디지털카메라에서 영상을 만드는 장치에 해당한다)를 이용해 이루어진 것이었다. 이때는 CCD가 막 천체 관측에 도입된 시기였다. 망원경의 구경이 작았지만 은하 표면 측광이 가능했던 것은 CCD가 사진 건판에 비해 양자효율이 수십 배 커 소구경 망원경의 한계를 극복할 수 있었기 때문이다. 켄트의 연구는 소구경 망원경으로도 의미 있는 관측을 할 수 있다는 사실을 보여준 좋은 예였다.

암흑물질과 헤일로

켄트는 나선은하의 광도 분포와 회전속도 곡선을 분석하여 암흑 헤일로의 질량 분포를 추정했다. 나는 1986년《천문학저널Astronomical Journal》(미국천문학회가 발간하는 전문 학술지의 하나)에 실린 그의 논문을 보아 내용은 알고 있었지만 워낙 중요한 연구라 발표를 주의하여 들었다. 그는 발표에서 광학 관측이 이루어진 범위 내에서는 원반에 대한 두 가지 가정이 모두 관측과 부합되는 것을 보였다. 한 가지 가정은 원반에 질량을 최대한 부과하는 경우고, 다른 한 가지는 원반에 질량을 적절하게 부과하는 것이다. 전자의 경우 은하 안쪽에는 암흑 헤일로의 질량이 거의 없고 대부분 바깥쪽에 있어야 회전 곡선을 설명할 수 있으며, 후자의 경우는 암흑 헤일로의 질량이 안쪽에도 많아야만 관측된 회전 곡선을 설명할 수 있다. 이후에 이루어진 여러 관측으로 원반에 질량을 최대한 부과하는 방법이 대부분 은하의 회전 곡선을 설명할 수 있음을 알게 되었다.

이것이 시사하는 바는 적지 않다. 암흑물질은 빛을 내는 물질이 많은 은하의 중심부에는 거의 없고, 주로 바깥 헤일로에 있다는 의미다. 은하 바깥에 암흑물질로 된 헤일로가 있다는 것은 1970년 프리먼에 의해 처음 제시되었고, 1973년 오스트라이커Jeremiah P. Ostriker와 피블스James E. Peebles의 수치 모형 계산에서도 예측된 바 있어, 최대 원반 해가 사람들의 주목을 받았다. 그러나 암흑물질이 은하의 외곽인 헤일로에만 있고 중심부에 없는지는 확실하지 않다. 더구나 1990년대 중반에 수행된 우주론적 수치 모형 계산에서는 은하의 중심부를 포함하여 모든 영역에서 암흑물질이 있는 것으로 알려졌다. 최대 원반 해가 너무 간단한 가정인지, 암흑 헤일로 모형에 문제가 있는지는 아직 해결되지 않은 과제로 남아 있다.

루빈과 보스마의 관측으로 암흑물질의 존재가 받아들여졌지만, 암흑물질이 이들에 의해 처음 알려진 것은 아니다. 아직 정체를 모르기 때문에 암흑물질의 존재에 대한 예측을 어디까지 거슬러 올라가 살펴야 할지 모르지만, 적어도 은하 규모의 천체에 존재하는 암흑물질의 예측은 1932년 오르트Jan Hendrik Oort가 태양 부근의 별 운동을 관측하여 그 존재를 이야기했고, 1933년 츠비키의 은하단 연구에서도 암흑물질의 존재가 예측되었다. 그 후, 암흑물질은 그다지 관심을 받지 못하다가 1970년 프리먼에 의해 다시 주목받게 되었다. 프리먼은 은하의 질량 분포가 은하의 광도 분포를 따른다고 가정하고 계산한 회전 곡선과 전파 관측에서 구한 회전 곡선을 비교하여 광도로 유추되는 질량 모형보다 은하의 바깥 부분에 더 많은 질량이 있어야 한다는 것을 알았다. 나선은하의 헤일로 영역에 암흑물질이 있어야 하는 것이다.

프리먼에 이어 오스트라이커와 피블스가 은하의 원반이 역학적으로 안정되기 위해서는 은하 바깥에 암흑 헤일로가 있어야 한다고 말할 때만 해도 암흑 헤일로가 천체로 구성되었을 것이라 생각했다. 그러나 1980년대에 이루어진, 미세중력렌즈 현상을 이용해 헤일로에 있는 무겁고 조밀한 천체를 찾는 마초MAssive Compact Halo Object, MACHO 실험으로 생각이 바뀌었다. 마초 실험에서 흑색왜성, 행성 등 천체의 형태로 있는 암흑물질의 양은 전체 암흑물질의 25퍼센트를 넘지 않을 것이라는 결과가 나왔기 때문이다. 이로 인해 관심은 암흑 헤일로를 구성하는 물질이 무엇인지에 집중되었다. 이렇게 되자 암흑물질은 입자물리학자들의 주요 관심사가 되었으며, 중성미자를 포함하여 다양한 물질이 암흑물질의 후보로 제시되었다.

암흑물질은 특성에 따라 차가운 암흑물질과 뜨거운 암흑물질로 나눌 수 있다. 차이는 이 둘의 속도에서 나타나, 뜨거운 암흑물질은 빠르게 움직이고 차가운 암흑물질이 느리게 움직인다. 이러한 속도의 차이는 암흑물질로 최초 형성되는 천체의 질량을 결정하게 된다. 차가운 암흑물질의 경우 은하 또는 그 이하 규모의 천체가 형성되는 반면, 뜨거운 암흑물질의 경우 초은하단과 같은 큰 규모의 천체가 먼저 형성되고 이들이 쪼개져 작은 천체가 형성된다. 뜨거운 암흑물질은 소련의 젤도비치 Yakov Zeldovich에 의해 제안되었고, 1980년을 전후하여 많은 지지를 받았다.

젤도비치는 우주 초기에 뜨거운 암흑물질이 팬케이크 형태로 초은하단을 먼저 만들고, 이들이 계층적으로 분열하여 은하단을 거쳐 은하를 형성하는 우주의 진화 모형을 제시했다. 즉, 우주의 거대구조가 먼저 만들어지고, 이들이 더 작은 규모로 쪼개지는 계층적 분화를 통해 오늘날 관측되는 우주의 모습이 만들어졌다는 것이다. 이와 달리 차가운 암흑물질 이론은 미국의 피블스에 의해 발표되었고, 1980년대 후반부터 뜨거운 암흑물질보다 더 많은 지지를 받았다. 차가운 암흑물질로 된 우주는 작은 규모가 먼저 만들어지고 이들이 계층적 군집을 통해 거대구조로 진화하게 된다.

1990년대 초 우주배경복사를 관측하기 위해 쏘아 올린 코비의 관측과 그 후 이루어진 더블유맵 Wilkinson Microwave Anisotropy Probe, WMAP(우주배경복사의 비등방성을 관측하는 우주망원경)이나 플랑크 Planck의 관측 결과, 작은 거리 규모에서 우주의 비등방성이 나타났다. 이러한 관측은 차가운 암흑물질과 부합되어, 차가운 암흑물질을 가정한 우주 모형이 표준우주론이 되었다. 중성미자는 한때 암흑물질 후보로 주목받았으나 질량이 너무 작고, 빛의 속도로 움직이는 뜨거운 암흑물질의 성질을 가져 암흑물질일 가능성은 거의 사라졌다.

아직 암흑물질이 무엇인지 밝혀지지 않았지만 후보로 거론된 것은 몇 개 있다. 그중 이미 40여 년 전에 예측된 엑시온axion에 가장 큰 기대를 건다. 엑시온은 처음부터 암흑물질 후보로 제안된 것은 아니다. 입자물리학에서 강입자의 상호작용에서는 지켜지던 CP charge-parity(CP 대칭은 쿼크의 전하를 바꾸고 거울상으로 만들어도 중성자의 행동 양상이 변하지 않는 것을 의미한다) 대칭성이 약한 핵력에서 지켜지지 않자 이를 해결하기 위해 고안된 입자다. 엑시온의 질량은 특정되지 않았지만 중성미자보다도 작은 것으로 생각되고, 주로 중력적으로만 반응한다.

암흑물질 후보로 제안된 입자 대부분이 아직 실험실에서 관측되지 않았는데 그렇지 않은 경우도 있다. 그 가운데 하나가 전북대학교의 최종범 교수가 제안한 글루온gluon이다. 글루온을 암흑물질 후보로 받아들이는 사람은 많지 않은 것 같지만 아직은 알 수 없는 일이다. 나는 글루온이 암흑물질 후보가 될 수 있다는 것을 10여 년 전 그로부터 들었는데, 나는 최종범 교수의 천재성을 곁에서 지켜본 사람으로서 예측이 맞기를 기대한다.

나와 최 교수는 대학 1학년 때부터 사귀어온 오래된 친구다.

전주에 있는 그와 부산에 있는 나는 지리산과 그 인근의 산을 자주 올랐는데 둘이 만나면 주로 우주론과 입자물리학에 관해 이야기했다. 나는 입자물리학 관련해 궁금한 것을 물었고, 그는 관측 우주론에 대해 질문했다. 이렇게 한번씩 만나 산행하며 대화를 나누던 중 최종범 교수가 글루온에 대해 언급하며 글루온이 암흑물질일 가능성을 연구하고 있다고 했다. 정년을 6~7년 남긴 시점이었는데 의욕을 보였다. 그에 따르면 핵자가 가지는 질량의 상당 부분을 글루온이 가지는데, 글루온에 대해 아직 모르는 것이 많아 당분간은 이 문제에 매달려보겠다고 했다. 2014년 초 서울대학교 문리대 산악회 창립 60주년을 기념하여 가진 에베레스트 베이스캠프EBC 트레킹을 하며 우주론에 관해 많은 이야기를 나누었는데, 글루온 연구를 하다가 트레킹에 왔다고 했다. 아마 산행에서 돌아가 마무리할 모양이었다.

재미있게도 트레킹 두 번째 날, 숙소 정원에서 저녁을 기다리며 담소하고 있었는데, 동료 중 한 사람이 암흑물질은 빛을 내지 않는 물질인데 어떻게 그러한 물질이 존재한다는 것을 확인할 수 있는지 물었다. 천문학에서 츠비키나 루빈이 암흑물질의 존재를 어떻게 알 수 있었는지 설명하고, 아직 그 정체는 모른다고 말했다. 최 교수는 이 자리에서 글루온 이야기는 하지 않았다. 우연이면 우연이겠지만 그의 최대 관심사가 히말라야에서 다시 부각되었다. 원래 나와 최종범 교수의 계획은 트레킹을 하는 동안 우주론의 중요한 사항을 서로 이야기하며 정리하고, 이를 책으로 출판하는 것이었다. 우리 생각을 모르는 동료들이 핵심 질문 한 가지를 던졌다. 그다음 날에도 질문들이 쏟아졌는데 나흘째부터는 최종범 교수를 포함하여 많은 사람이 고산병에 시달려 우주론 대화를 이어나갈 수 없었다.

최종범 교수는 EBC 트레킹에서 돌아오고 2년 뒤 폐암으로 세상을 떠났다. EBC 트레킹 후 그를 만나지 못해 암흑물질 연구가 어떻게 되었는지 궁금하여 문헌을 찾아보았다. 2015년에 발표된 2편의 논문을 발견할 수 있었는데 제자인 이수경 박사, 동료인 김은주 교수와 함께 쓴 것이었다. 최 교수와 김은주 교수 두 명이 쓴 논문에서는 양자색역학에서 글루온이 굽은 공간에서 질량을 가지게 됨을 보였고, 이 질량이 공간의 곡률 특성에 따라 양의 값이 될 수도 있고, 음의 값이 될 수도 있음을 알았다. 즉, 곡률이 양의 값을 가질 때는 암흑물질을, 음의 값을 가질 때는 암흑에너지 역할을 할 수 있다는 것이다. 이수경 박사가 제1저자로 세 명이 함께 쓴 논문에서는 글루온이 굽은 공간에서 질량을 가지게 되는 원리를 상세히 설명하고, 글루온이 암흑물질이 될 수 있음을 구체적 계산을 통해 보였다.

2023년 4월, 이수경 박사를 만났다. 암흑물질로서의 글루온 연구는 최종범 교수 사망 후 중단되었으며, 다음 연구를 위한 자료를 정리하고 있으나 재개할지 망설이는 중이라고 했다. 내가 그 분야의 문외한이라 잘 모르지만 가장 중요한 부분은 이미 정리가 된 것 같고, 암흑물질의 경우와 같이 암흑에너지도 정량적 분석을 하는 것이 좋겠다는 생각이 들었다. 최종범 교수가 시작한 연구가 제자들과 동료에 의해 마무리될 수 있기를 기대한다.

최근에는 자체적으로 상호 작용하는 암흑물질이 제기되는 등 여전히 정체가 모호하다. 암흑물질이 중요한 이유는 우주를 이루는 물질의 약 85퍼센트를 차지하기 때문이다. 아인슈타인의 상대성이론에 의해 물질과 에너지는 서로 교환될 수 있으므로 암흑에너지를 질량으로 환산할 수 있다. 이렇게 하면 우주의 밀도는 암흑에너지가 전체의 73퍼센트를 차지하고 물질이 27퍼센트를 차지하는데 물질 중 빛을 내는 물질은 4퍼센트이고 암흑물질이 23퍼센트다. 암흑물질뿐 아니라 암흑에너지의 정체도 모르기 때문에 사실 우린 우주에 대해 아는 게 거의 없는 것과 마찬가지다.

새로운 인연

켄트의 발표 이후 얼마 지나지 않아 내 차례가 돌아왔다. 많은 질문이 있었으나 어렵지 않게 답할 수 있었다. 내가 전한 내용은 막대은하를 연구하는 이론가들의 관심을 끌었고, 발표 후 콤브Françoise Combes, 아타나소울라Evangelie Athanassoula와는 따로 시간을 내어 이야기를 나누었다. 콤브는 내 학위 논문의 내용 중 이론적 해석이 필요한 부분을 친절하게 설명해주었고, 아타나소울라는 논문을 빠르게 읽더니 인상적이라고 칭찬했다. 나는 이들과 여러 학회에서 만날 수 있었으며 정년에 이르기까지 친교를 가졌다.

볼티모어에서 즐거운 2주를 보낸 후, 귀국길에 최승언 교수가 안식년을 보내던 미네소타로 갔다. 집으로 초대받은 것이다. 최승언 교수의 안내로 천문학과를 방문하여 학과장인 존스Thomas W. Jones와 내가 논문으로 많이 접했던 케니컷을 만났다. 이 두 사람은 그 후 다른 일로 인연이 이어졌다. 존스는 따뜻한 마음을 가진 분으로, 1999년에 내가 있던 부산대학교 지구과학교육과에 부임한 강혜성 교수의 박사후연구원 시절 지도 교수였다. 강혜성 교수와는 2024년 현재까지도 30년 가까이 공동 연구를 해왔으며, 그 인연으로 몇 차례 우리 학과를 방문하여 만날 수 있었다. 케니컷과는 편지를 통해 교류했는데 주로 내가 질문하고 케니컷이 답변하는 형태였다. 은하 관측에 관해 국내에는 내가 배울 사람이 뚜렷이 없으니 이렇게라도 모르는 것을 배워나갔다.

정말 한순간의 만남이 더 큰 인연으로 이어지곤 한다. 한참 뒤의 일이지만 애리조나대학으로 자리를 옮긴 케니컷에게 나는 미국 유학을 준비하는 부산대학교 약학대학 출신 서희정을 소개했다. 서희정은 그곳에서 천문학을 기초부터 공부한 후 아이젠스타인D. Eisenstein의 지도로 박사 학위를 받고 우주 진화를 연구하는 천문학자로 활약하고 있다.

볼티모어 회의에 다녀온 후 부산대학교에서 천문학 전공 교수를 공채할 기회를 주었다. 이는 1986년 대학원에 천문 전공과 기상 전공이 있는 지구과학과가 생겨 강의 부담이 커진 것을 고려한 결과다. 이렇게 해서 미국 프린스턴대학에서 학위를 하고 캐나다

이론천체물리연구소에서 박사후연구원으로 있던 이형목 박사가 교수로 왔다. 이형목 박사의 가세로 부산대학교는 천문학계에서 중요한 역할을 할 수 있었고 대학원생들도 다양한 연구를 수행하게 되었다.

동료로서 이형목 교수는 남달랐다. 여러 가지로 내가 혜택을 많이 받았다. 그중 하나는 그가 구입한 컴퓨터 시스템을 내 연구실에 설치해 내가 쓸 수 있게 하고, 본인은 터미널만 하나 달아 사용한 것이다. 그 당시 국제 천문학계는 CCD를 이용한 천체 관측이 본궤도에 올라 대용량 영상을 분석할 수 있는 컴퓨터가 필수 장비였다. 천문학계에서는 썬마이크로시스템스가 만든 썬워크스테이션Sun Workstation을 가장 많이 사용했고, 대부분의 영상 분석 소프트웨어도 썬워크스테이션에 최적화되어 있었다. 이형목 교수는 연구와 대학원생 교육을 위해 썬워크스테이션을 갖추었고, 이를 내가 편리하게 사용할 수 있도록 배려한 것이다.

대학원에 천문 전공이 개설된 뒤 대학원생 교육을 위해 국비로 40센티미터 망원경을 설치하여 관측 실습은 가능했지만 계산 환경은 갖추지 못한 상태였는데, 이형목 교수의 노력으로 이 부분도 많이 개선되었다. 당시 우리가 도입한 수준의 워크스테이션을 갖춘 곳은 부산대학교에는 컴퓨터공학과가 유일했고, 국내 천문학계에서도 연구실에 워크스테이션을 둔 사람은 내가 최초여서 많은 사람의 부러움을 샀다.

이형목 교수와는 많은 추억이 있지만 1996년 IAU 아시아–태평양 지역 회의APRIM를 부산대학교에서 치른 일은 잊을 수 없다. 이형목 교수가 APRIM을 부산대에서 개최하는 것이 좋겠다고 하여 같이 준비했다. 마침 1996년 봄이면 대학 본부 건물이 완성되고, 여기에 계단식 대회의실이 마련될 예정이라 장소는 해결되었다. 문제는 경비 조달이었다. IAU에서도 일부 지원을 하지만 개최하는 측에서 적어도 수천만 원 이상을 마련해야 했다. 학교에 국제학술 회의 개최 지원금을 신청하고, 학술진흥재단에도 찾아가 특별 지원을 요청했다. 다행히 부산대학교에서 전례가 없는 많은 금액을 지원해 예산 문제는 해결되었다. 내가 DAO에서 돌아와 2년 남짓 연구 지원을 총괄하는 업무를 수행하며 학교 행정에 헌신한 덕을 본 것 같다.

우리는 가능한 한 많은 외국인, 특히 경제 사정이 좋지 않은 나라의 젊은 천문학자가 많이 참석할 수 있도록 대학과 협의하여 기숙사를 이들에게 제공했다. 이형목 교수가 과학조직위원회를 맡았고, 나는 지역조직위원회LOC를 맡았다. 회의를 몇 달 앞두고 이 교수와 함께 매일 준비 상황을 점검했다. 대학원생들이 모두 LOC에 참여해 필요한 역할을 수행했다. 특히 병역특례요원으로 부산대학교에 있던 김성수가 등록 업무를 맡아주었고, 담양 성암 청소년 수련원의 박종철이 개회식과 만찬 공연을 위한 국악인을 섭외해주었다. 지금 교원대학교에 있는 손정주 교수는 당시 학부생으로서 회의 도우미로 활약했는데, 어쩌면 이것이 그가 천문학을 계속하게 된 동기가 되었을지도 모르겠다. 나는 이 회의에 도쿄대학의 오카무라 교수와 DAO의 헤서 James Hesser 대장을 초청 연사로 초대했다.

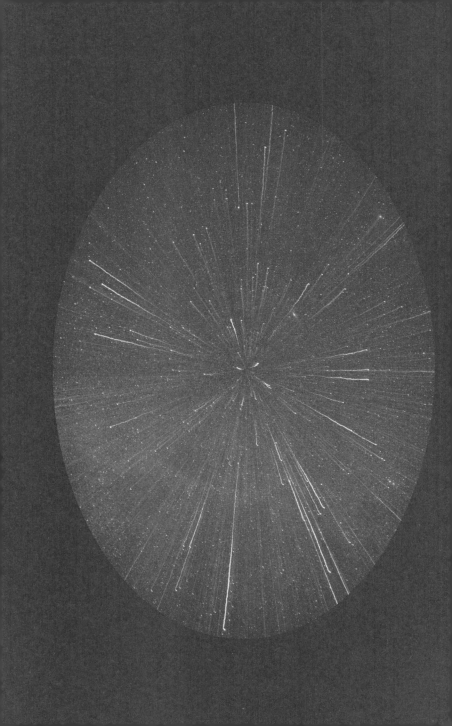

3부

아인슈타인의 고리

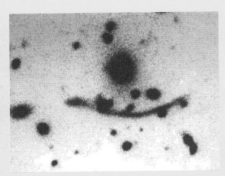

◀ 은하단 A370에서 관측된 호 모양의 중력렌즈 (p. 133)
1986년 11월 25일 CFHT천문대에서 관측한 것이다.

▲ 이중 퀘이사 QSO 0957+561 (p. 135)
별처럼 보이는 중심부의 두 천체가 이중 퀘이사다. 가운데 은하가 중력렌즈 역할을
했다.

▲중력렌즈 현상인 아인슈타인 고리 (p. 136)
멀리 있는 푸른 은하가 시선 방향에 가까이 있는 밝고 붉은 은하에 의해 빛이 휘어
져 생긴 것이다.

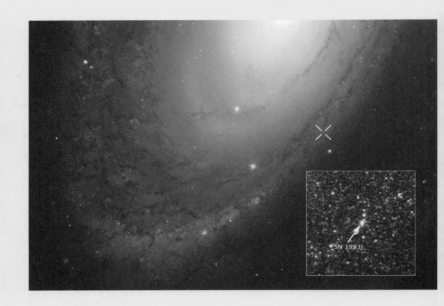

▲나선은하 M81에서 관측된 초신성 SN1993J (p. 147)
스페인 마드리드의 아마추어 천문가가 미지의 천체를 발견했고, 나와 가나비치가
이 천체가 초신성임을 밝혔다.

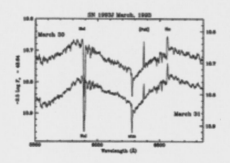

▲초신성 SN1993J의 스펙트럼 (p. 147)
이 스펙트럼으로 마드리드에서 발견한 미지의 천체가 초신성인 것을 알 수 있었다.

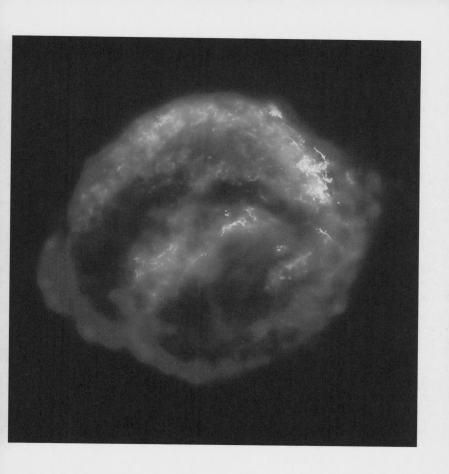

▲1604년 폭발한 케플러 초신성의 잔해 (p. 150)

천체분광학의 전설

이형목 교수가 자리를 잡자 나는 1년간 해외에서 안식년을 보내기로 했다. 장소는 빅토리아에 있는 캐나다 국립 도미니언천문대 DAO Dominion Astrophysical Observatory를 택했다. DAO를 선택한 이유는 너무 복잡한 곳이라면 망원경 사용 시간을 확보하기가 어렵고, 무엇보다 이곳에 내가 연구하는 분야의 최고 대가인 반덴버그가 있었기 때문이다. 1992년 2월 말, 밴쿠버공항으로 입국한 후 작은 프로펠러 비행기를 타고 빅토리아로 갔다.

빅토리아는 브리티시컬럼비아주의 주도로, 밴쿠버섬 남단에 있다. 인구는 약 25만 명이며 서구 기준으로 삶의 질이 가장 좋을 수 있는 규모의 도시다. 공항 안내소에서 지도를 얻고 가까운 호텔을 소개받은 뒤 자동차를 빌리러 갔다. 일주일 동안 렌트한 차로 돌아다니며 집도 구하고 자동차도 살 생각이었다. 공항 안내소에서 소개받은 호텔에 도착하여 짐을 풀고 신문을 한 부 사서 월세 광고를 훑어보았다. 첫날은 집을 구하지 못하고 쉬었다. 아내와 딸이 시차로 힘들어해 빨리 돌아온 것이다. 다음 날, 가격 등 조건이 괜찮아 빅토리아대학 부근 싱클레어 거리에 있는 집을 보러 갔다. 작은 잔디밭이 있고 일부가 2층으로 되어 있었다. 잔디가 깔린 대학 교정에 접해 있어 번잡하지 않고, 집 앞은 왕복 2차선 길이라 차가 그다지 많이 다니지 않았다. 계약하고 나니 집을 수리해야 한다고 사흘 정도만 자신들의 별장에 가 있으라고 했다.

쇼니건 호숫가에 있는 별장은 한 폭의 그림 같았고, 방 안에 난로가 있어 불을 피울 수 있었다. 딸과 아내도 이곳을 매우 좋아

했다. 경치도 좋고 소파와 가구 등 생활에 필요한 것이 잘 갖추어져 지내기가 편했다. 이제 집은 구했으니 차를 구할 차례다. 중고차 시장을 찾아가 몇 종류를 둘러보고 포드가 만든 차인 선버스트를 2,500달러에 구입했다. 좀 낡긴 했으나 마음에 들었다. 국내에서 타던 현대의 엑셀과 비슷한 성능이었다. 계획한 대로 일주일 안에 빅토리아에서 지낼 준비를 마칠 수 있었다. 이제 집도 마련되었고, 차도 구했으니 DAO에 도착했다고 알릴 겸 인사하러 갔다. 반덴버그가 반갑게 맞아주었고 대장인 헤서를 소개해주었다. 이미 이야기가 되어 있었는지 행정원을 불러 나에게 필요한 서류를 받고 내가 쓸 연구실로 안내했다.

연구실은 1층에 있었고 창으로 빛이 잘 들었다. 정돈된 책상과 의자, 한쪽 벽에 책꽂이도 있었다. 연구실에는 중앙 전산실에서 관리하는 서버의 단말기로 X-터미널이 설치되어 있었다. 이곳도 썬워크스테이션이 주요 계산 시설이었다. 옆방은 박사후연구원인 에이브러햄Roberto Abraham이 썼고, 반덴버그도 같은 층에 있었다. 그 반대쪽 끝에는 DAOPHOT라는 별의 측광에 사용하는 소프트웨어를 만든 스테슨Peter Stetson이 머물렀다. 헤서의 방은 2층이었고, 코너에는 공용 프린터가 있었다. 2층에는 세미나실과 카페테리아도 있었다. 3층에도 몇 개의 연구실이 있어 그중 한곳을 캐나다-프랑스-하와이망원경CFHT으로 은하 적색이동 탐사를 이끈 크램프턴David Crampton이 사용했다. 내가 그곳에 간 후에 온 오케John Beverley Oke 교수도 3층의 연구실을 사용했다. 오케는 칼텍에서 정년을 하고 고국인 캐나다로 돌아온 것이다. DAO에서 객원연구원으로 일하는 듯했다. 빅토리아의 날씨가 좋으니 노후를 보내기에 이상적인 장소이지 않았을까. DAO의 주요 연구원들은 1층과 3층에 연구실이 있는 셈이다. 건물은 4층으로 구성되었는데, 4층의 대부분은 도서관으로 사용되었고 천문학 관련 책이나 잡지로 가득 차 있었다. 보물 상자를 보는 것 같았다.

DAO는 캐나다 국립천문대 중 하나로, 이곳의 천문학자는 많지 않지만 각자 대단한 업적을 가지고 있었다. 은하 연구의 세계적 권위자인 반덴버그는 말할 것도 없고, 헤서도 프린스턴대학 출신으로서 구상성단 연구에 공헌을 한 학자다. 위에서 연구실을 이야기할 때 언급하지 않았지만 매클루어Robert McClure도 이곳에 있다. 그는 데이비드 던랩 천문대David Dunlap Observatory, DDO에서 반데버그와 함께 DDO 측광계(6개의 중대역 필터를 사용하는, 만기형 별의 물리적 특성 연구에 특화된 측광계)를 개발한 사람으로, 별의 진화와 성단 연구에 많은 역할을 했다. 옆방의 에이브러햄은 후일 토론토대학의 교수가 되었고, 은하의 형태학에 경제학에서 사용하는 지니계수를 도입하여 은하 구조 연구에 크게 기여했다.

존 오케의 업적

내가 DAO에서 처음 만난 이 가운데 함께 시간을 자주 보낸 두 사람이 있다. 한 명은 대장인 헤서, 다른 한 명은 칼텍 정년 후 객원

연구원으로 합류한 오케다. 그는 천체분광학의 최고 대가다. 캐나다 출신으로 프린스턴대학에서 박사 학위를 받았으며, 1958년부터 1991년 퇴임할 때까지 칼텍에 교수로 있었다. 그는 동료들의 연구에 필요한 기기를 개발했고, 대부분은 팔로마천문대의 관측 장비로 사용되었다. 특히 다중채널 분광측광기와 이중 분광기 등을 제작해 다양한 연구를 이끌었다. 퇴임을 앞두고 켁망원경의 분광기도 제작했는데, 내가 DAO에 있을 때 이와 관련하여 하와이를 몇 번 방문하는 모습을 볼 수 있었다.

팔로마천문대와 켁천문대가 세계 천문학계를 이끌 수 있었던 것은 세계 최고 수준의 천체분광기를 만드는 오케가 있었기 때문이다. 오케는 항상 최고의 분광 관측을 주도했다. 한 예로 전파 방출원이 별처럼 보여 퀘이사quasar로 불리는 천체 중 최초로 동정된 퀘이사인 3C 273과 관련된 논문 2편이 1963년 《네이처》에 나란히 실렸는데, 하나는 마틴 슈미트의 3C 273 발견 논문이고, 다른 하나는 오케의 3C 273의 에너지 분포에 대한 논문이다. 아마 오케가 제작한 분광기가 슈미트의 3C 273 발견에 결정적인 역할을 했을 것이다.

또한 오케는 초신성 연구에도 업적을 남겼으며, 제자들을 양성했다. 그중 한 명인 커시너Robert Kirshner는 2011년, 우주 가속 팽창 발견으로 노벨물리학상을 받은 브라이언 슈미트Brian Schmidt의 지도 교수였다. 내가 DAO에서 초신성 1993J를 관측한 후 오케와 나눈 대화 가운데 초신성을 연구한 제자 이야기가 있었는데 그가 바로 커시너였다. 학위 논문의 주제인 초신성이 발견되지 않아 애를 태웠다고 했다. 물론 커시너는 1972년 외부은하 NGC 5253에서 폭발한 초신성을 관측해 학위를 마칠 수 있었다. 오케의 초신성 연구가 커시너로, 커시너에서 슈미트로 이어진 것이다. 오케는 천문학 발전에 크게 기여했지만, 그중에서도 가장 큰 일은 천체의 절대 플럭스를 구할 수 있는 체계를 개발한 것일 테다.

재미있는 점은 오케가 처음에는 항성 진화와 같은 이론 연구에 흥미를 가졌으며 관측에 대한 관심은 나중에 생겼다는 것이다. 그가 관측에 관심을 가지게 된 배경은 윌슨산천문대였다. 프린스턴대학에서 박사 과정을 밟던 중 스피처Lyman Spitzer 교수의 성간 베릴륨 과제에 참석해 스피처와 함께 윌슨산천문대를 방문한 것이 계기가 되었다. 이때 칼텍의 그린스타인Jesse L. Greenstein을 만나 평생 함께 일하는 관계로 발전했다.

천체 관측 기기에 대해 관심이 생긴 것은 학위를 마치고 데이비드 던랩 천문대에서 강사로 일할 때였다. 오케는 광전증배관을 이용한 스펙트럼 스캐너를 만들어 관측 기기 개발 분야에 첫 발을 디딘 후, 1958년부터 칼텍 교수로 있으면서 천체분광학의 전설적인 기기를 만들게 되었다. 그는 엔지니어나 기술자가 과학자의 요구에 맞추어 기기를 제작하는 것과 달리, 자신이 궁금한 문제를 해결하기 위해 기기를 만들었다. 그가 만든 것은 주로 팔로마천문대 5미터 망원경의 주요 장비가 되어, 최고의 관측을 수행할 수 있도록 했다.

오케의 항성 진화 연구와 관련한 일화가 있다. 그는 토론토대학에서 석사 학위 논문을 작성하면서, 태양의 에너지원이 수소 원자의 양성자-양성자 연쇄반응인 p-p 체인이라는 것을 밝혔다. 이는 태양이 CNO 순환으로 빛을 낸다는, 당시 학계에서 받아들여지던 이론과는 달랐다. CNO 순환은 탄소, 질소, 산소를 촉매로 수소 원자가 융합하여 헬륨을 만드는 기작이다. 오케의 연구 후, CNO 순환은 질량이 큰 별의 주 에너지원이고, 태양 정도의 질량을 가지는 별은 p-p 체인이 주 에너지원으로 밝혀졌다.

오케는 석사 학위 논문을 작성할 무렵, 토론토를 방문한 프린스턴대학의 슈바르츠실드Martin Schwartzscild에게 태양의 에너지원에 대한 그의 연구를 설명했으나 슈바르츠실드는 오케의 가설이 터무니없다고 일축했다. 그 일이 있고 2년 뒤 p-p 체인이 학계에 널리 받아들여지자 마침 프린스턴대학의 박사 학위 과정에 들어온 오케에게 슈바르츠실드가 그때의 일을 사과했다고 한다. 슈바르츠실드가 항성의 구조와 진화에 대한 당대 최고의 전문가임을 생각하면 이 사건은 오케에게 아주 큰 힘이 되었을 것이다. 오케는 프린스턴대학의 박사 학위 과정에서 슈바르츠실드의 지도로 거성이 헬륨 핵과 수소 껍질에서 핵반응이 일어나는 진화된 별이라는 기념비적인 연구를 했다.

내가 이 글을 쓰며 존 오케에 관해 찾아보니 그가 2004년 세상을 떠난 후 동료나 지인이 다양한 매체에 오케를 추모하는 글을 썼다는 것을 알 수 있었다. 칼텍의 동료였던 사전트Wallace L. W. Sargent는 《네이처》에, DAO의 대장이던 헤서는 《미국천문학회보》에, 프린스턴대학의 건James Gunn은 《태평양천문학회지》에, 코헨Jacob Cohen은 《피직스투데이》에, 마틴Douglas Martin은 《뉴욕타임스》에, 틴돌Robert Tindol은 《주간 칼텍》에 추모 글을 올렸다. 오케가 사람들에게 얼마나 많은 사랑과 존경을 받았는지 알 수 있는 일이다.

풀뿌리 회의와 관측 우주론 세미나

DAO 생활은 매우 단순했다. 특별한 일이 없으면 매일 오전 9시쯤 연구실에 갔고, 오후 5시에는 집으로 돌아갔다. 주로 책상에 앉아 CCD 측광 자료를 처리하는 연습을 했다. 미국 국립 광학천문대에서 만든 IRAF라는 소프트웨어를 사용 설명서를 보며 차근차근 익혀나갔다. DAO에 오기 전에 IRAF를 어떻게 시작하는지만 알고 왔기 때문에, 배워야 할 내용이 많았다. IRAF에는 천체의 측광과 분광 관측 자료를 다루는 거의 모든 도구가 포함되어 있었고, 중요한 것만 해도 수백 페이지가 넘었다. 누구에게 알려달라고 할 수도 없는 노릇이라 혼자서 설명서를 보고 하나하나 익히는 수밖에 없었다. 거의 매일 같은 작업을 했고 이에 몰두하느라 사람들과 어울리는 등 다른 일은 거의 하지 못했다. 다행히 점심 도시락을 먹으며 사람들과 이야기를 나누었고, 오후의 티타임 때도 주변 동료와 담소를 즐길 수 있었다. 나는 주로 헤서나 반덴버그와 대화했고, 크램프턴과도 자주 어울렸다.

DAO에서 가장 좋았던 것은 매주 열리는 풀뿌리 회의였다. 매주 수요일에 개최되었으며, 연구원들이 자신이 진행하는 연구의 중간 결과나 투고 준비가 된 논문을 발표하는 자리였다. 이를 통해 연구 과정을 공유하고 피드백을 주고받을 수 있었다. 또한 여름에 매주 두 번씩 가진 세미나는 예기치 못한 선물이었다. 이 세미나는 DAO가 향후 관측 우주론으로 연구 방향을 전환하기 위해 마련한 것이었다. 풀뿌리 회의에서는 반덴버그가 가장 많은 발표를 했다. 당시 그는 매우 왕성하게 연구 활동을 했는데, 한 달에 한 편 이상의 논문을 투고하는 듯했다. 투고하기 전에는 항상 풀뿌리 회의에서 발표하고 피드백을 받았다. 이 회의에는 거의 모든 연구원이 자신이 수행하는 연구를 서로 나누었다. 나도 처음에는 학위 논문을 요약해서 발표했고, 귀국을 앞두고는 DAO에서의 연구 결과를 전했다. 이러한 풀뿌리 회의와 세미나는 나에게 많은 동기 부여와 성장 기회를 주었다.

무엇보다 흥미로웠던 것은 관측 우주론 분야의 세미나였다. 여름방학 기간에 일주일에 두 번씩, 총 10회쯤 한 것 같다. 이 세미나는 관측 우주론에서 큰 역할을 하는 천문학자들을 초대해 현주소를 파악할 수 있도록 마련한 것이었다. 덕분에 관측 우주론에 관심을 가진 나로서는 매우 좋은 기회였다. 사람도 많이 만났다. 우연히 내가 DAO에 있는 기간에 우주론 세미나가 개최되어 저명한 학자들을 만났으니 행운이라 할 만했다. 우주론 분야 이론가인 토론토대학의 카이저Nick Kaiser, 카네기연구소의 드레슬러Alan Dressler, 프랑스의 포트Bernard Fort와 해머François Hammer 등 대부분 논문으로나 접할 수 있었던 학자다. 포트와 함께 온 뮤동천문대의 해머를 제외하면 대부분 나보다 열 살 정도 나이가 많은 분들이었다.

세미나에는 가까이 있는 빅토리아대학과 브리티시컬럼비아대학에서도 사람들이 왔다. 이런 기회가 자주 생기는 것이 아니니, 관측 우주론에 관심이 있는 천문학자들에게는 귀중한 자리였기 때문이다. 대학원생이나 박사후연구원도 종종 참석했는데 젊은이들에게 가장 인기가 있었던 사람은 드레슬러였다. 그는 은하의 형태가 은하의 배경 밀도와 밀접한 관계가 있음을 발견해 1980년에 논문을 발표한 사람이다.

즉, 타원은하나 렌즈형은하는 밀도가 높은 은하단의 중심부에 많이 분포하고, 나선은하는 은하단의 가장자리로 갈수록 그 비율이 높아진다는 것이다. 이 논문은 은하를 연구하는 사람들에게 큰 영향을 끼쳤으며, 관측 우주론 분야에서 이룩한 중요한 업적이다. 나도 그의 논문을 읽은 적이 있어 강연이 기다려졌는데, 막상 발표 내용은 대부분 아는 것이어서 그렇게 인상적이지는 않았다.

중력렌즈로 본 퀘이사

이와 달리 인상적이었던 사람은 은하단에서 관측한 중력렌즈(질량을 가진 천체가 근처 시공간을 휘게 해 렌즈와 같은 역할을 하는 현상)에 대해 강연한 프랑스에서 온 포트와 해머였다. 그들은 CFHT천문대의 3.6미터 망원경을 이용해 세계 최초로 은하단 A370에서 중력렌즈 현상에 의해 만들어진 길쭉한 호 모양의 구조를 관측했다. 이 중력렌즈 현상은 1986년 0.7각초의 시상에서 10분 동안 노출하여 관측한 것인데, 사실 이보다 한 해 전에도 이 구조를 우연히 관측했다. 그러나 당시는 중력렌즈 현상으로 생각하지 못했다. 그 대신 호 모양으로 길쭉하게 늘어선 구조가 주변의 은하보다 푸른색을 갖는다는 점에 착안하여 이 구조가 은하와 은하의 충돌로 별들이 만들어지는 영역으로 해석했다.

다행히 포트 등은 이 구조의 정체에 계속 관심을 가졌고, 1986년에는 더 높은 분해능을 가지는 CCD를 사용해 A370을 관측해 호의 구조를 더욱 분명하게 인식할 수 있었다. 이와 함께 분광관측도 동시에 수행해 이 구조의 적색이동이 A370의 적색이동보다 두 배 정도 큰 것을 알게 되었다. 이러한 관측으로부터 길쭉한 호의 모양은, A370 방향으로 두 배 정도 더 멀리 있는 은하의 영상이 A370의 중력에 의해 왜곡되어 만들어졌다는 것을 확인할 수 있었다. 최초로 은하단에서 호의 형태로 보이는 중력렌즈 현상을 관측한 것이다.

DAO 세미나에서 들은 그들 발표의 가장 중요한 부분은 중력렌즈가 나타난 사진을 어떻게 얻을 수 있었는지에 대한 설명이었다. 발표자인 포트는 성과에 자부심이 가득했다. 무엇이든 최초의 관측은 영광인 법인데, 어려운 관측을 수행하여 결과를 얻었으니 그럴 만한 일이다. 관측천문학자로서 그들이 부러웠다. 당시 우리나라는 소백산천문대의 구경 61센티미터 망원경이 전부였고, 시상도 그다지 좋지 않아 이러한 관측은 불가능했다. 이번에 DAO에 온 두 사람 중 프랑스 툴루즈천문대의 포트는 프랑스의 중력렌즈 탐사를 이끌었고, 뮤동천문대의 해머는 젊은 학자로 재기가 넘쳤으며 중력렌즈 모델링은 그의 몫이었다.

1986년 A370에서 최초로 관측된 길쭉한 호 모양을 한 중력렌즈 현상은 암흑물질을 고려하지 않으면 해석할 수 없는 현상으로, 은하단의 암흑물질을 연구할 중요한 수단을 제공했다. 그러나 이

호 모양으로 이지러진 은하 영상이 최초로 관측된 중력렌즈 현상은 아니다. 이미 1979년에 월시Dennis Walsh 등이 이중 퀘이사로 부르는 중력렌즈 현상을 관측했기 때문이다. 이중 퀘이사는 쌍둥이 퀘이사라고도 불리는데 이름에서 유추할 수 있듯이, 멀리 있는 퀘이사가 중력렌즈에 의해 2개의 상으로 보이는 천체다.

이중 퀘이사의 발견은 워낙 중요한 사건이라 곧바로 이를 확인하는 관측이 전파와 광학에서 이루어졌다. 그중 건 등이 팔로마천문대의 5미터 해일망원경으로 관측한 결과는 국제천문연맹이 발간하는 회람IAUC을 통해 전 세계에 알려졌다. IAUC에 소개된 확인 관측 논문의 저자는 건, 크리스티안Jerome Kristian, 오케, 웨스트팔James A. Westphal, 영Peter J. Young인데, 윌슨산천문대의 크리스티안을 제외하면 모두 팔로마천문대의 천문학자다. 크리스티안도 오케의 제자이니 이들은 모두 같은 그룹이라 볼 수 있다.

건이나 오케 등 당대 최고 전문가들의 확인을 시급히 알리고 싶었던 것인지, 먼저 이루어진 관측도 더러 있었지만 유독 이들의 결과만이 IAUC를 통해 서둘러 천문학자들에게 전달되었다. 오케에 대한 이야기는 앞서 다루었지만 건 역시 보통 사람이 아니다. 그는 슬론디지털천구탐사SDSS의 고안자로 오케처럼 이론과 기기에 두루 능한 당대의 대표적인 천문학자다. 나는 건을 2007년 필라델피아 SDSS 회의에서 한 번 본 것이 다지만, 이 대단한 천문학자의 이야기는 뒤에 다시 하겠다.

이중 퀘이사는 멀리 있는 퀘이사와 관측자 사이에 있는 은하나 은하단의 중력으로 주변의 공간이 휘어진 탓에 퀘이사의 상이 왜곡되어 2개로 만들어진 것이다. 중력렌즈 현상은 아인슈타인의 일반상대성이론에서 예측된 것인데, 그동안은 관측 장비의 한계로 발견되지 않다가 1979년에야 비로소 관측되었다. 일반상대성이론을 최초로 증명한 것은 1919년에 있었던 에딩턴의 일식 관측으로, 별에서 나온 빛이 태양의 중력 때문에 휘어진 공간을 지나며 별의 위치가 바뀐 모습을 보았다. 그러나 태양의 질량이 그렇게 크지 않기 때문에 별의 위치 변화가 1.7각초 정도로 작아 전문가가 아니면 변화를 식별하기 어려웠다. 이와 달리 이중 퀘이사는 은하단의 질량에 의해 은하단 주변의 공간이 눈에 띄게 굽어져 쉽게 구별할 수 있는 2개의 상이 만들어진 것이다.

1986년에 포트에 의해 관측된 은하단 A370의 중력렌즈 현상도 육안으로 식별이 가능할 정도로 상의 왜곡이 큰 경우인데, 이외에도 육안으로 식별이 가능한 케이스가 몇 개 더 있다. 중력렌즈 현상은 렌즈 역할을 하는 천체의 질량 분포와 멀리 있는 천체의 시선 방향에서 떨어진 정도에 따라 다양하게 나타난다. 하나의 퀘이사가 4개의 상으로 마치 십자가처럼 보인다고 해서 '아인슈타인 십자가'라 부르는 천체도 있고, 상이 완전한 고리 모양으로 보여 '아인슈타인 고리'라 부르는 천체도 있다. 아인슈타인 고리가 만들어지기 위해서는 렌즈 역할을 하는 천체의 질량 분포가 구 대칭이어야 하고, 멀리 있는 천체와 렌즈 역할을 하는 천체가 같은 시선 방향에 놓여야 한다.

A370에서 발견된 중력렌즈 현상은 이미 1983년 부처Harvey Butcher와 동료들에 의해 《천체물리학저널》의 보충 시리즈에 발표된 논문의 A370 사진에서도 볼 수 있다. 그 논문을 출판한 저자들은 이를 간과했으나, 1985년 포트와 그의 동료들에 의해 이 사진에서 중력렌즈 현상이 확인되었다. 포트 등이 이를 알 수 있게 된 것은 이들이 1985년 얻은 CCD 영상에서 보이는 특이한 구조가 실제 천체인지 아닌지를 판단하기 위해 부처의 논문을 다시 살펴보았기 때문이다. 부처의 논문이 1983년에 발표되었지만, 실제 관측은 1975년 9월부터 1976년 3월 사이에 수행되었기 때문에 누군가 관심을 가지고 그들의 사진 건판을 살펴보았다면 1979년에 발견된 이중 퀘이사 현상보다 먼저 발견되었을 수도 있었다. 그러나 시상이 CFHT보다 나쁜 곳에서 관측이 이루어졌고, 사진 건판의 분해능이 1986년 수행된 CCD 관측의 분해능에 비해 현저하게 나빠, 중력렌즈 현상의 발견이 쉽지는 않았을 것이다.

가장 깊은 우주를 본 사람들

A370 관측 사진을 설명하는 과정에서 우연히 부처를 언급했지만 부처는 그냥 지나쳐도 되는 사람이 아니다. 부처-웸러 효과라고 천문학 저술에도 소개되는 중요한 관측을 한 사람이다. 1978년, 부처는 웸러Augustus Oemler와 함께 은하단을 관측하여 적색이동이 0.4 정도로 멀리 있는 은하단은 가까이 있는 은하단보다 푸른 은하,

즉 나선은하나 불규칙은하의 비율이 더 크다는 것을 발견했다. 적색이동은 파장의 변화를 방출된 파장으로 나눈 값으로, 후퇴 속도 (v)가 광속(c)에 비해 현저하게 작을 때는 v/c로 근사할 수 있다. 당시 학자들은 적색이동이 0.4면 이미 빅뱅 후 90억 년이 지난 상태라 은하의 진화가 완료되었다고 여겼다. 이 때문에 가까이 있는 은하단과 멀리 있는 은하단 사이에 큰 차이가 없을 것으로 생각하여 부처와 웸러의 발견에 의문을 가졌다.

그러나 후속 관측에서도 부처-웸러 효과가 확인되자 이들의 발견은 은하의 진화에 대한 학계의 관점을 바꾸는 중요한 발견으로 인정받게 되었다. 부처가 관측한 것은 적색이동이 0.4 부근에 있는 두 은하단이었는데 그 당시 할 수 있었던 가장 깊은 우주를 관측한 것이었고, 이를 통해 은하의 진화에 대한 이해가 크게 발전할 수 있었다.

부처는 여러 면에서 매력적인 인물이다. 그는 칼텍에서 학부 과정을 마치고 난 후, 경쟁적인 환경에서 벗어나 조용한 곳에서 아무런 압박 없이 연구하고 싶었다. 그래서 호주의 스트롬로천문대로 가서 대학원생이 되었다. 여기서 그는 은하에 따라 화학적 진화가 다르게 일어나는지 알아보기 위해 왜소은하의 고분해능 분광 관측을 계획했다. 그러나 쿠데분광기로는 분해능의 한계로 목적을 달성할 수 없어 극도의 고분해능 관측이 가능한 에셸분광기(에셸격자와 교차분산기 또는 수직분산기를 사용하여 10,000 이상의 높은 파장 분해능$\lambda/\Delta\lambda$으로 천체의 고분산 스펙트럼을 측정하는 분광기)를 개발하여 사용하게 되었고, 이 과정에서 그는 천체분광 관측에 해박한 베셀Mike Bessel의 도움을 받았다.

학위를 취득하고 부처는 미국으로 돌아가 애리조나대학에서 연구원으로 활동한 뒤, 곧 미국 국립천문대에서 일하게 되었다. 그곳에서 그는 웰러를 만나 은하의 진화에 대해 토론했고, 이를 관측으로 확인하기로 했다. 그 결과로 적색이동이 0.4 정도인 부유한 은하단들을 관측하게 되었다. 그리고 이들 은하단에 존재하는 은하들의 색지수와 형태를 조사하면서 부처-웰러 효과를 발견할 수 있었다.

부처는 관측 기기의 제작에 재능을 보였으며, 그 당시 새로운 기술인 비디콘을 은하단 관측에 사용하여 부처-웰러 효과를 발견했다. 또한 그는 CCD의 개발에도 깊숙이 관여하여 CCD가 천문학에 빨리 정착되는 데 크게 기여했다. 미국 국립천문대에서 일한 후 1983년에 네덜란드로 건너가 흐로닝언대학에서 은하 연구를 이어갔으며, 별의 지진을 측정할 수 있는 성진계를 제작하여 밝은 별인 알파 센타우리를 관측했다. 1991년부터 2007년까지 네덜란드의 국립 천문 연구 기관인 아스트론의 소장을 지냈고 이때 저주파수 배열인 LOFAR를 만들어 여러 연구에 투입했다.

그가 네덜란드에서 일하는 것을 좋아한 이유는 네덜란드 사람들의 철학이 부처와 맞았기 때문이다. 그들은 어떤 과제를 시작할 때 2~3년이 아니라 20~30년 후를 생각한다. LOFAR가 그러한 과제로 시작했고, 결국 전파 분야에서 가장 야심 찬 계획인 킬로미터배열SKA로 발전했다. SKA는 우주의 재이온화 시기를 포함하여 은하단, 은하, 블랙홀, 감마선 폭발체, 고에너지 입자 등의 탐사를 주요 과학적 목표로 삼는 프로젝트다. 우리나라도 이 과제에 참여하고 있다.

부처는 네덜란드에서 25년간 활동한 후 2007년에 호주의 스트롬로천문대로 돌아가 대장이 되었다. 그가 학위를 한 지 33년 만이었다. 스트롬로천문대를 발전시키기 위해, 유능한 박사후연구원을 모집하고, 중간 연구자를 많이 확보했다. 또한 스트롬로천문대를 스페이스 분야로 확장하고, 대중에게 천문학을 전달하는 프로그램을 개발했다. 이와 함께 우리나라도 파트너로 참가한 구경 25.4미터 망원경인 GMT에 우리와 같은 지분으로 참여해 10년 후에도 광학 관측의 경쟁력을 가지려 노력했다.

나는 2010년 나미비아 소수스블레이사막 회의에서 부처를 처음 만났다. 그와 인사를 나누면서 한 첫 마디가 "당신이 그 부처-웸러 효과의 부처입니까?"였다. 그만큼 나에게는 뜻밖의 만남이었다. 내가 꿈꾸던 관측을 해낸 전설적인 존재와의 조우였다. 관측은 본질적으로 우주와의 대화다. 미지의 세계로 다가가며 우주의 신비를 풀어가는 관측이야말로 천문학자의 꿈이다.

미시중력렌즈 현상

국내에 있는 학자 중 중력렌즈 이론가로는 경북대학교의 박명구 교수를 들 수 있다. 그는 일반상대성이론에 해박하여 우주론과 중력렌즈, 블랙홀 등이 주된 연구 분야이고, 2010년《중력렌즈》라는 전문 서적도 출간했다. 중력렌즈 중 별이나 행성 등 질량이 작은 천체에 의해 생기는 것은 공간 왜곡의 규모가 매우 작아 따로 미시중력렌즈 현상이라 부르고, 이렇게 만들어진 왜곡된 상은 구경이 큰 망원경으로도 구별되지 않는다. 이러한 미시중력렌즈 이론가는 충주대학교의 장경애 교수님이다. 지금은 정년을 하고 명예교수를 지내고 계시며 우리나라 초기 여성 천문학자 중 한 분이다.

미시중력렌즈 현상을 이용한 중요한 관측으로는 우리은하에 있는 천체로 된 암흑물질을 찾는 것과 외계행성을 탐구하는 것이 있다. 암흑물질 탐사 관측은 두 그룹에 의해 수행되었는데 각각 마초와 에로스 Expérience pour la Recherche d'Objets Sombres, EROS(어두운 물체를 찾기 위한 실험)로 불리는 프로젝트다. 마초는 1992년부터 1999년까지 호주의 스트롬로천문대의 망원경을 이용하여 수행되었고, 에로스는 1990~1995년, 1996~2003년, 두 시기에 라 시야에 있는 유럽남방천문대의 망원경으로 이루어졌다. 이 두 팀의 관측 결과 행성, 미행성체, 갈색왜성, 블랙홀 등 빛을 내지 않는 천체로 된 암흑물질은 전체 암흑물질의 25퍼센트를 넘지 않을 것으로 예측되었다.

미시중력렌즈로 외계행성을 찾는 관측도 여러 그룹이 시도하고 있으나 대표적인 것은 광학중력렌즈 실험이라 불리는 오글 Optical Gravitational Lensing Experiment, OGLE과 케이엠티넷 Korea Microlensing Telescope Network, KMTNeT(외계행성탐색시스템)이다. 오글은 1992년 시작해 현재에 이르렀고, 케이엠티넷은 2009년에 설치를 시작했는데 지금은 세계 최고의 성능을 갖춘 시스템이며 우리나라가 만든 것이다. 우리가 미시중력렌즈 분야에서 두각을 나타내는 것은 우연이 아니다. 이 분야 연구의 선구자 중 한 명이 장경애 교수님이고, 열과 성을 다해 이 과제를 추진한 충북대학교의 한정호 교수가 있었기 때문이다.

장경애 교수님은 1979년 미시중력렌즈 현상을 이중 퀘이사에 적용하여 이중 퀘이사 이해의 폭을 넓혔다. 그리고 한정호 교수는 2000년대 중반 미시중력렌즈 현상을 이용하여 외계행성을 발견했다. 이를 기반으로 한정호 교수는 한국천문연구원을 통해 남반구 세 곳에 구경 1.6미터 망원경을 설치하여 미시중력렌즈 현상을 탐사하는 케이엠티넷을 구축할 수 있었다. 덕분에 우리나라는 독자적으로 외계행성 연구를 할 수 있게 되고, 21세기 천문학의 총아로 불리는 천체생물학 연구에 첫발을 내딛을 수 있었다.

초신성을 관측하다

팔로마천문대 관측 여행

1992년 여름, 팔로마천문대에 관측 여행을 가게 되었다. 카네기연구소에 박사후연구원으로 있던 이명균 박사가 나를 위해 1.5미터 망원경 관측 시간을 하루 얻어준 것이다. 이명균 박사는 천문학과 4년 후배다. 미국의 워싱턴대학에서 학위 후 카네기연구소에서 프리드먼Wendy Freedman 박사의 박사후연구원으로 일하고 있었다. 나는 DAO에서 CCD 자료 처리 중 사용 설명서로는 해결이 안 되는 것이 있으면 이명균 박사에게 전화로 도움을 청하곤 했다. 내가 CCD 관측 자료를 다루고 있는 것을 안 그는 직접 CCD 관측을 해 볼 수 있도록 6월 말에 관측 시간을 하루 확보해준 것이다. 참으로 고마운 일이었다.

　밴쿠버에서 국경을 넘고, 1번 도로를 따라 샌디에이고까지 내려간 후, 팔로마천문대로 가서 관측한 뒤 돌아오는 여정을 잡았다. 팔로마로 가는 길에 워싱턴주의 성헬레나 분화구, 오리건의 분화구 호수, 샌프란시스코의 금문교와 버클리대학, 요세미티 국립공원, 캘리포니아주의 붉은 나무 공원, 샌디에이고의 야생 동물원 등을 둘러보았다. 국립공원에서 텐트를 치고 야영하며 저녁과 아침은 요리해 먹었고, 점심은 햄버거 등을 사 먹었다. 가는 길에는 버클리대학에 박사후연구원으로 있던 김용하 박사를 만났고, 팔로마천문대에서 이명균 박사를 만났다. 오는 길에는 올림푸스산을 구경하고 포트앤젤레스에서 페리로 돌아왔다.

이명균 박사를 만난 곳은 팔로마천문대의 입구 부근이었다. 차를 몰아 접근하니 저 멀리 푸른색 반팔 상의를 입고 서 있는 그가 보였다. 내가 도착할 때쯤 미리 나와서 기다린 것이다. 사무실을 지나가다 보니 복도 구석에 오래된 나무 책상이 보였다. 허블이 사용하던 책상이란다. 그가 활약하던 때는 관측자가 관측 자료를 관리하여 다른 사람은 볼 수 없었다. 그러다 보니 큰 망원경을 사용할 수 있는 사람만이 중요한 관측을 할 수 있었다. 요즈음 관측 자료는 관측자가 독점적으로 사용하는 기간(보통 1~2년)이 지나면 모두 공개하게 되어 있어 관측 자료의 효율적 이용이 가능해졌다.

저녁을 먹고 망원경 돔으로 갔다. 밤에 관측하던 중에 지진이 났다. 바닥이 흔들리는데 옆에서 망원경을 조작하던 관측 조수가 갑자기 책상 아래로 들어가라고 소리쳤다. 급히 몸을 숨겼다. 다행히 여진은 심하지 않아 관측을 마칠 수 있었다. 내가 사용한 1.5미터 망원경에는 피해가 없었는데, 5미터 헤일망원경은 지진 때문에 움직였다고 한다. 일종의 지진 대비책으로 충격이 올 때 버티지 않고 움직이도록 해 부러지지 않게 하는 구조였다.

다음 날 이명균 박사의 안내로 120센티미터 슈미트망원경 돔에도 들어갈 수 있었다. 마침 관측을 준비하는 여성이 있었다. 천문학을 석사 과정까지 공부하고 망원경 운용 조수로 근무한다고 했다. 팔로마 슈미트 건판을 이용한 2차 전천 탐사의 상당한 부분을 그가 관측했다. 천문학에는 숨은 공헌자가 많다. 어떤 경우에는 잡일을 하러 천문대에 취직했으나, 재능이 있어 관측 조수로 일하다가 나중에는 천문학을 제대로 공부해 천문학자가 된 사람도 있다. 휴메이슨Milton L. Humason이 바로 그러한 사례로 천문대 대장인 헤일의 눈에 들어 관측을 배우고, 결국 천문학도 공부하여 나중에 허블과 함께 우주 팽창에 대한 논문을 썼다.

나는 팔로마천문대에 다녀온 후 연구를 재개했고, 우주론 세미나가 본격적으로 열려 이에 몰두했다. 그리고 DAO의 연구 생활을 이어나갔다.

SN 1993J

겨울을 보내며 귀국을 준비하는 중, 마지막 관측 일정이 3월 말로 잡혀 고민이 되었다. 파견 기간이 2월 말까지라 이때 돌아가야 했기 때문이다. 우선 학교에 출장 기간을 한 달 반 정도 연기해달라는 편지를 보냈다. 그러나 연장은 불가능하다는 답장을 받았다. 고민하다가 휴직하기로 했다.

학교에 휴직 신청 서류를 보내고 다시 연구에 몰두하다 보니 어느덧 관측을 배정받은 날짜가 다가왔다. 닷새의 시간을 받았고, 은하의 분광 관측을 목적으로 긴슬릿분광기를 사용하기로 했다. 긴슬릿분광기는 틈새가 긴 슬릿을 사용하는 분광기로, 슬리퍼의 은하 회전 곡선 관측처럼 은하 분광 관측에 유용하다. 국내에서 분광기를 본 적이 없어 관측이 시작되기 며칠 전에 관측 조수인 영에게 분광기의 내부를 보고 싶다고 하자 낮에 분광기를 떼어 내 열고 내부를 자세하게 설명해주었다. 영은 석사까지 천문학을 공부한 사람인데 간혹 다른 이들과 논문을 쓰기도 하지만 주된 업무는 관측 조수다. 관측 조수는 모두 두 명이었고, 번갈아 가며 관측을 도왔다. 관측자의 요구가 있으면 밤에도 남아 있지만, 대부분은 관측 장비의 장착 등 준비를 해놓고 집에서 대기한다. 물론 CCD 냉각 같은 기기 관리도 그들의 몫이다.

DAO의 관측 돔은 연구실과 도서관이 있는 건물에서 좀 떨어져 있어 저녁을 빨리 먹고 돔으로 향했다. 도착해서 분광 관측 장비를 점검하고 날이 어두워지기를 기다렸다. 하늘에 구름이 일부 끼어 있었으나 다행히 내가 관측하려는 방향은 구름이 없었다. 모든 준비를 마치고 기다리는데 누가 급히 관측실로 들어왔다. 가나비치Peter Garnavich라는 박사후연구원으로, 워싱턴대학에서 이명균 박사와 같이 공부하고 학위 후 DAO에 온 사람이다. 나에게 다가와 하는 말이 방금 IAU 회람을 이메일로 받았다며, 지난밤에 스페인 마드리드의 아마추어 천문가가 큰곰자리에 있는 은하 M81 근처에서 미지의 천체를 관측했으며, 정체를 밝히기 위해 분광 관측이 시급하다는 것이다. 이 천체가 M81의 가장자리에서 발견되었기 때문에 M81에서 폭발한 초신성일 가능성이 크며, 내가 양해한다면 이 천체를 관측해 초신성 여부를 확인하고 싶다고 했다. 나도 초신성 관측의 중요성을 알고 있었기 때문에 그의 제안을 받아들여 계획했던 관측을 보류하고 초신성으로 추정되는 미지의 천체가 있는 자리로 망원경을 움직였다.

다행히 원래 관측하려던 은하가 그렇게 멀리 떨어져 있지 않아 금방 M81 방향으로 망원경을 이동시킬 수 있었고, 그곳에도 구름이 없었다. 내가 망원경을 조작하여 분광 관측을 준비하는 동안 가나비치는 도서관에서 과거에 관측된 초신성 스펙트럼 등 분석에 필요한 자료를 찾아왔다. 망원경을 세밀하게 조정하여 초신성으로 추정되는 미지의 천체를 분광기의 슬릿 중앙에 넣었다. 노출 시간을 30분으로 설정하고 슬릿을 통해 나오는 영상을 모니터로 지켜보고 있는데, 마치 이 천체가 폭발이라도 할 것 같은 느낌이었다. 첫 관측이 끝나자 가나비치는 옆 테이블에서 관측된 스펙트럼의 분석에 들어갔고 나는 두 번째 관측을 시작했다. 첫 관측이 여러 가지 이유로 잘못되었을 수도 있으니 확인이 필요해서다.

두 번째 관측이 끝나자 우리가 관측한 천체가 초신성임을 확인할 수 있었고, 바로 IAU에 보고했다. 이후에도 우리는 밤을 지새우며 이 초신성의 스펙트럼을 관측하여 초신성이 폭발 후 어떻게 변해가는지를 밝힐 자료를 획득했다. 날이 밝아오자 마무리하고 천문대에 딸린 숙소로 가 잠시 잠을 잤다. 아침에 출근하니 복도에서 만나는 사람마다 축하한다며 악수를 청한다. 이미 우리가 초신성을 최초로 동정한 사실이 IAU 회람으로 전 세계로 퍼져나간 것이다.

이 일로 인해 나는 갑자기 유명 인사가 되었다. 《중앙일보》 등 국내 주요 언론이 내가 초신성을 발견한 것으로 보도했기 때문인데, 사실 정확하게 표현하면 미지의 천체 발견은 스페인 마드리드의 아마추어 천문가가 했고, 나와 가나비치는 이 미지의 천체가 초신성임을 밝힌 것이다. 부산의 《국제신문》은 전화로 한 시간가량 자세한 이야기를 듣고 전면 기사로 다루었다. 내가 귀국해 학과에 갔더니 그 기사가 게시판에 걸려 있었다. 이러한 소동과는 별개로 가나비치와 나는 초신성의 초기 스펙트럼에 관한 연구 결과를 《천문학저널》에 게재했다. 그 후 가나비치는 하버드대학 천체물리연구소CfA로 자리를 옮겼는데 이 연구 결과가 도움이 되었을 것이다. 가나비치는 CfA로 옮긴 뒤 초신성 연구에 매진했고, 같은 팀의 동료였던 브라이언 슈미트는 2011년 펄머터Saul Perlmutter, 리스Adam G. Riess와 함께 우주 가속 팽창의 발견으로 노벨물리학상을 받았다. 가나비치보다 슈미트의 역할이 더 중요했던 모양이다.

초신성(SN)은 폭발 원인에 따라 두 가지 유형으로 나눌 수 있다. 내가 스펙트럼을 관측한 초신성은 질량이 큰 별이 진화의 마지막 단계에 내부에서 폭발하는 초신성으로, 이 유형의 초신성에는 제2형 초신성(SN II)도 있지만 제1형 초신성(SN I)에 속하는 SN Ib와 SN Ic도 있다. 이와 달리 우주 가속 팽창 발견에 이용된 초신성은 백색왜성이 폭발한 것으로 SN Ia로 표시하고, 이를 흔히 제1형 초신성이라 부른다. 백색왜성은 주변에서 물질이 충분히 유입되어 찬드라세카르한계(백색왜성이 전자의 축퇴압으로 질량에 의한 중력과 비길 수 있는 최대 질량으로 $1.4 M_\odot$에 해당한다)를 넘게 되면 표면부터 폭발이 일어나며 그때 생긴 충격파가 내부로 전달되어 별 전체가 아무것도 남기지 않고 폭발하는 것이 제1형 초신성이다.

제2형 초신성 SN II는 SN Ib, SN Ic와 함께 별의 질량이 태양 질량보다 10배 이상 무거운 경우에 발생한다. 질량이 큰 것은 태양질량의 100배에 이르는 것도 있어 폭발할 때 나오는 에너지가 초신성마다 다를 수 있다. 이와 달리 제1형 초신성 중 SN Ia의 경우 백색왜성에 물질이 유입되어 한계 질량인 찬드라세카르한계를 넘을 때 폭발하므로 비슷한 조건에서 폭발하고, 그 결과 폭발로 방출되는 에너지도 비슷하다. 즉, 제1형 초신성은 폭발 때 방출되는 에너지가 비슷해 광도가 같다고 가정할 수 있어 은하의 거리를 구하는 표준 촉광으로 사용된다. 우주 가속 팽창 발견도 이러한 초신성의 관측으로 이루어진 것이다.

DAO 생활의 마무리는 환송 파티였다. 대장인 헤서를 비롯하여 구성원 대부분이 우리 가족의 귀국을 축하해주었다. 14개월의 짧은 만남이었는데 나도 그렇고 이들도 그렇고 서로의 가슴에 많이 남았나 보다. 내가 이들에게 해준 것은 없고, 일방적으로 받았다. 공간뿐 아니라 연구에 필요한 소모품도 제약 없이 썼고, 도서관과 관측 시설 등 이들이 사용하는 것이면 나도 다 이용할 수 있었다. 이 모든 것이 반덴버그에게 보낸 편지 한 장으로 이루어졌다. 더욱 행운이었던 건 한 시대를 풍미했던 반덴버그나 오케와 같은 대가들과 시공을 공유하며 많은 이야기를 나눌 수 있었다는 점이다. 선량한 지성인의 표본 같은 헤서와도 잊지 못할 교분을 맺었다. 아쉬운 것도 많았다. 연구실에 틀어박혀 컴퓨터와 씨름하느라 사람들과 더 많은 이야기를 나누지 못했다. 그들이 떠나는 나에게 준 선물은 DAO의 1.8미터 망원경 사진을 종이 프레임에 담아 그 뒤에 모두가 서명한 것이었다. 나의 소중한 빅토리아 추억이 담겼다.

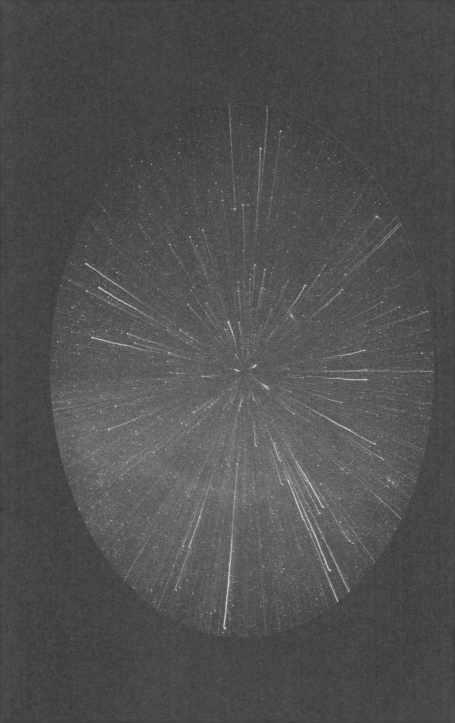

4부

우주론 논쟁

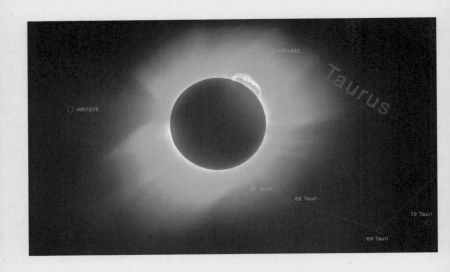

▲**1919년의 개기일식** (p. 162)
에딩턴이 이끈 영국 원정팀이 아프리카 프린시페섬에서 관측한 것이다. 노란색 동
그라미 안에 별이 있지만 빛 때문에 잘 보이지 않는다.

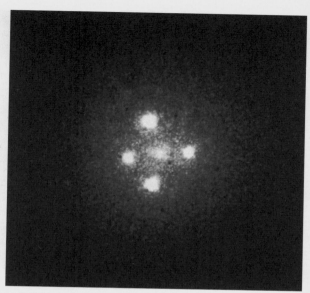

▲중력렌즈로 만들어진 아인슈타인 십자가 (p. 162)

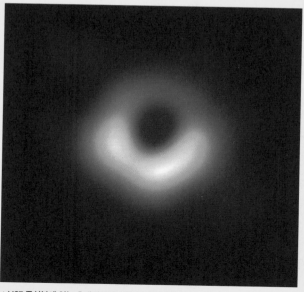

▲M87 중심부에 있는 초대질량블랙홀의 그림자 영상 (p. 164)

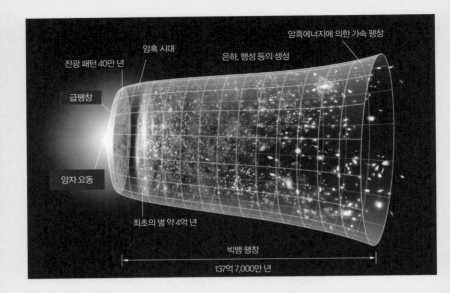

급팽창

잔광 패턴 40만 년

암흑 시대

은하, 행성 등의 생성

암흑에너지에 의한 가속 팽창

양자 요동

최초의 별 약 4억 년

빅뱅 팽창

137억 7,000만 년

▲우주의 진화 (p. 175)

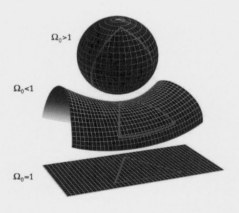

▲ 우주배경복사의 비등방성 (p. 177)

$\Omega_0 > 1$

$\Omega_0 < 1$

$\Omega_0 = 1$

▲ 밀도와 공간의 곡률 (p. 178)

현대 우주론의 기초, 상대성이론의 증명

빅토리아에서 돌아와 1년이 좀 지난 1994년 여름, 네덜란드 헤이그에서 IAU 총회가 있다는 소식을 들었다. 그렇지 않아도 1991년 총회에 참석하지 못해 아쉬웠는데 이번에는 꼭 가기로 했다. 더구나 유럽은 처음이 아닌가. DAO에서 관측한 측광 자료를 분석 중이었고, 이를 바탕으로 발표할 논문을 준비하는 일도 어렵지 않을 것 같았다. 그리고 둘째 주에는 우주론에 관한 심포지엄이 열리고, 마지막 날엔 표준우주론인 빅뱅우주론과 준정상우주론에 대한 패널 토론이 예정되어 있어 이 때문에라도 가고 싶었다. 이미 볼티모어 총회에서 경험했듯 여러 심포지엄을 접할 수 있으니 젊은 학자에게는 좋은 기회였다.

상대성이론의 이해

우주론 논쟁을 4부에서 다루게 되니 현대 우주론의 기초인 상대성이론을 잠시 살펴보자. 상대성이론은 특수상대성이론과 일반상대성이론 두 가지로 구성되어 있다. 특수상대성이론은 1905년 아인슈타인이 스위스 취리히의 특허청에 근무할 때 발표했고, 일반상대성이론은 그로부터 10년 뒤인 1915년에 발표했다.

상대성이론에서 가장 중요한 가정은 빛의 속도가 관측자의 운동과 무관하게 일정하다는 것이다. 이러한 가정과 로렌츠변환($t' = r(t - vx/c^2)$, $x' = r(x - vt)$, $y' = y$, $z' = z$로 표현되며 v는 x축 방향 두 좌표계의 상대속도다. 여기서 c는 광속, r은 로렌츠 요인으로 $1/\sqrt{1-(\frac{v}{c})}$로 표현된다)

이라는, 등속으로 운동하는 두 좌표계의 변환 식을 이용하여 유도된 것이 특수상대성이론의 놀라운 결과들이다. 질량과 에너지의 등가, 즉 $E=mc^2$가 유도되며, 움직이는 물체의 길이가 짧아지고 시간이 느리게 가는 현상이 일어난다. 일반상대성이론에서는 위의 가정에 중력질량과 관성질량이 같음을 첨가했다. 이를 흔히 등가원리라고 하는데 중력과 가속도가 다르지 않다는 것이다.

먼저, 상대성이론의 근간인 상대성원리를 살펴보자. 물리법칙은 정지 상태와 등속운동 상태를 구별하지 않는다. 이를 갈릴레오는 균일하게 움직이는 좌표계에서 역학 법칙들이 모두 동일하다는 것으로 받아들였다. 갈릴레오는 배를 타고 가는 사람이 바닥에 놓인 그릇의 위쪽에서 물방울을 떨어뜨리면 공간은 앞으로 나아가지만 물방울은 그릇에 떨어진다는 사고 실험을 예로 들어 설명했다.

상대성이론에서 핵심 개념인 시공간은 스위스 취리히에 있는 연방공과대학에서 아인슈타인을 가르치기도 했던 민코프스키 Hermann Minkowski가 처음으로 사용했다. 그는 아인슈타인이 특수상대성이론을 발표한 3년 뒤인 1908년에 열린 독일 자연과학 및 의학 학술회의 강연에서 "이제부터는 시간 그 자체나 공간 그 자체는 아무것도 아닌 그림자로 사라질 운명이며, 그 둘의 통합된 형태인 시공간만이 독립적인 실체로 남을 것이다"라는 유명한 말을 통해 특수상대성이론을 완전한 이론으로 만들었다.

아인슈타인은 1915년 뉴턴의 중력 법칙을 대체할 좀 더 포괄적인 중력 법칙인 일반상대성이론을 발표했다. 일반상대성이론은 중력에 대한 기하학 이론이다. 이를 명확하게 인식하고 대중에게 소개한 사람은 2020년 노벨물리학상을 받은 펜로즈Roger Penrose 다. 펜로즈는 그의 역저 《실체에 이르는 길》에서 1905년 발표한 특수상대성이론이 관성계에서만 적용되는 것과 달리 일반상대성 이론은 가속하는 계에서도 적용할 수 있게 일반화했기에 일반상 대론 또는 상대론의 일반 이론으로 불린다고 했다. 일반상대성이 론에서는 뉴턴의 중력 법칙을 공간과 시간, 즉 시공간의 기하학적 특성으로 기술한다.

특히, 시공간의 곡률은 그것이 무엇이든 간에 존재하는 물질 과 복사에너지 및 운동량과 관계한다는 것이다. 이 관계가 바로 편 미분방정식으로 기술되는 아인슈타인의 장방정식($G_{\mu\nu} = kT_{\mu\nu}$. $G_{\mu\nu}$ 는 아인슈타인 텐서로서 시공간의 곡률을 나타내고, $T_{\mu\nu}$는 스트레스-에너 지 텐서다. 첨자가 붙지 않은 문자 k는 아인슈타인 중력 상수다. 이 식의 의 미는 공간의 곡률은 물질과 에너지 분포에 의해 결정된다는 것이다)이다. 이 식이 텐서라는 수학 언어로 표현되기 때문에 대부분의 독자는 생소함을 느끼고, 이해하기 어렵겠지만 우주적 규모에서 시공간 의 진화를 기술하는 방정식이 이렇게 간단하게 표현될 수 있다는 것은 소름 끼치게 놀라운 일이다.

일반상대성이론의 검증

일반상대성이론은 천문학자들이 발견했던 수성의 근일점 이동을 설명했고, 동시에 여러 가지 현상을 예측했다. 그중 태양 부근을 지나는 빛이 휘는 정도, 중력적색이동, 중력렌즈, 우주 팽창 등은 20세기에 모두 관측을 통해 증명되었으며, 2015년에 중력파(가속 운동을 하는 물체에 의해 생기는 중력의 변화가 시공간을 전파해 가는 시공간의 잔물결)가 관측되어 일반상대성이론의 중요한 예측이 다 확인되었다. 이 중 최초로 이루어진 검증은 1919년 개기일식 때 에딩턴의 관측으로 수행되었다. 태양의 중력에 의해 시공간이 휘어 태양 부근에 있는 별들의 위치가 달라진 것을 관측한 일이었다. 이 관측을 위해 에딩턴은 영국 정부를 설득하여 예산을 지원받아 원정팀을 꾸렸고, 브라질의 소브랄과 아프리카의 프린시페섬에서 관측을 성공하여, 마침내 뉴턴의 역학 및 중력 이론이 아인슈타인의 상대성이론으로 대치되는 계기를 만들었다.

　　에딩턴의 일식 관측에서 구한 빛이 휘어진 각은 1.61 ± 0.3각초였고, 아인슈타인의 상대성이론이 예측한 값은 1.75각초였으니, 측정 오차 범위에서 상대성이론의 예측을 검증한 것이 되지만, 릭 천문대의 트럼플러가 1922년 호주 왈랄에서 개기일식을 관측해 구한 값은 1.75 ± 0.09각초로, 예측치를 거의 그대로 확인했다. 이것이 가능했던 것은 트럼플러가 수개월 전부터 관측을 준비하여 측정의 정확도를 최대한 올릴 수 있었기 때문이다.

트럼플러가 에딩턴의 일식 관측 결과가 옳았음을 확인하여 상대성이론은 이미 검증되었지만, 20세기 후반에 관측된 중력렌즈 현상은 누구나 쉽게 상대성이론의 예측을 확인할 수 있었다. 이미 3부에서 설명한 이중 퀘이사와 은하단에서 관측된 길쭉한 호로 늘어나 보이는 은하, 아인슈타인 고리와 아인슈타인 십자가 등이 바로 그러한 현상이다. 또한 2019년에는 EHT Event Horizon Telescope(초대질량블랙홀의 사건 지평선을 관측한다고 해서 붙여진 이름)라 불리는 사건지평선망원경으로 거대타원은하인 M87에서 초대질량블랙홀의 그림자 영상과 빛 고리를 관측했고, 2022년에는 우리 은하에서도 이들을 관측하여 중력으로 굽은 공간의 예를 극명하게 볼 수 있었다.

상대성이론 전문가인 경북대학교의 박명구 교수는 블랙홀의 그림자라는 표현 대신 블랙홀의 목구멍이라는 표현을 선호하는데, 목구멍 속을 볼 수 없듯이 빛이 빠져나오지 않아 볼 수 없는 블랙홀을 잘 반영하는 것 같다. 빛 고리는 공간이 굽어 있어 빛이 바로 빠져나오지 못하고 블랙홀 주변을 돌다가 나오면서 고리 모양의 밝은 구조로 보이게 되는데, 블랙홀의 반지름보다 약 3배 크다. 블랙홀의 반지름은 흔히 슈바르츠실드 반지름(R_S)이라 부르며, 블랙홀의 질량 M과 중력 상수 G, 광속 c와 다음 관계를 갖는다.

$$R_S = \frac{2GM}{c^2}$$

즉, 무거운 블랙홀일수록 질량에 비례하여 반지름이 크다.

M87 중심에 있는 초대질량블랙홀의 질량은 태양질량의 65억 배에 해당하고, 이에 해당하는 블랙홀 반지름은 120AU로 180억 킬로미터에 해당한다. 이는 명왕성까지 거리의 3배다. 빛 고리의 지름은 690AU 정도로, 지구에서 관측할 때 이 고리의 지름은 각크기로 42마이크로각초가 되어 이를 관측하기 위해서는 분해능이 수 마이크로각초여야 가능하다. EHT는 이러한 분해능을 가질 수 있도록 수천 킬로미터 이상 떨어진 여러 대의 전파망원경으로 만든 유효 기선이 지구 지름 정도인 전파간섭계로 만든 망원경이다. 1마이크로각초는 100만 분의 1각초로, 달에 있는 길이 0.18센티미터인 지형이 만드는 각크기에 해당한다.

중력파의 측정

일반상대성이론의 예측 중 중력렌즈 현상은 적당한 망원경만 있으면 쉽게 영상을 찍어 확인할 수 있지만 중력파는 그렇지 않다. 발생 빈도도 낮지만, 중력파에 의해 변형되는 공간의 변화도 매우 작아 관측이 어려웠다. 이 때문에 라이고Laser Interferometer Gravitational-Wave Observatory, LIGO라는 레이저 간섭계를 이용한 중력파 검출 장치가 갖춰진 이후에나 관측이 가능했고, 2015년 최초로 중력파를 관측할 수 있었다. 이때 관측된 중력파는 블랙홀과 블랙홀이 부딪혀 병합되며 일어난 것이다. 일어날 확률이 매우 낮은 현상이나, 이보다 더 빈번할 거라 예상되는 중성자별과 중성자별의 병합에서 발생하는 중력파보다 강도가 강하여 먼저 발견될 수 있었다.

중력파는 공간의 곡률에 발생한 요동이 광속으로 전달되는 파동으로, 전자기파와는 다른 물리적인 현상이다. 전 우주의 모든 구간을 투과할 수 있고, 발생 기작이 다르기 때문에 우주의 모습을 다른 측면에서 연구할 수단을 제공한다. 그러나 측정이 어려워 예측된 지 100년이 지나서야 관측이 이루어졌다.

중력파 측정이 어려운 이유는 중력파에 의해 생기는 공간의 변화가 대단히 작아 극도로 정밀하게 거리를 측정할 수 있어야 하기 때문이다. 중력파 측정 장치인 라이고는 길이가 4킬로미터인 직교하는 두 막대를 진공으로 밀폐하고, 막대의 끝과 교차점에 거울을 둔 장치다. 중력파는 직교하는 방향으로 공간의 수축과 팽창이 어긋나게 일어나므로 중력파가 지나가면 빛이 두 막대를 돌아나오는 길이가 달라져 간섭이 일어나게 된다. 라이고는 길이의 측정 정밀도가 약 10^{-18}미터다. 수 킬로미터 떨어진 거리를 다녀오며 원자 크기의 1억 분의 1 차이를 구별하니 정말 대단한 정밀도다.

중력파 관측은 천문학의 새로운 창을 열었다는 평을 받는다. 전자기파와 중력파가 서로 작동하는 기작이 달라 전자기파로는 알 수 없는 특성을 탐구할 수 있기 때문이다. 별의 진화로 만들어지는 블랙홀의 경우 전자기파 관측으로는 질량을 직접 측정할 수 없으나 중력파 관측으로는 중력파를 발생시킨 블랙홀의 질량을 직접 잴 수 있다. 전자기파로는 우주배경복사가 나온 38만 년보다 더 이전의 우주 모습은 볼 수 없다. 하지만 급팽창 등 더 이른 시기에 일어난 공간의 변화에 의한 중력파는 관측이 가능하다.

2021년 우리나라에서도 중력파연구단이 결성되어 우주의 난제에 도전하고 있다. 그 주인공은 이형목 교수다. 나와 소백산천문대 관측을 함께 다녔고, 부산대학교에서 10년을 같이 지냈으며, 《태양계와 우주》를 공저했으니 인연이 남다르다. 이형목 교수도 이미 정년을 했으나 그의 연구열은 식지 않아 천문학 연구의 뜨거운 주제 중 하나인 중력파 연구의 선봉장을 맡은 것이다.

우선적인 과제는 이른바 '허블 갈등'의 원인을 찾는 것이다. 은하의 거리와 후퇴 속도로 구한 허블상수는 73km s^{-1} Mpc^{-1}인 반면, 우주배경복사를 분석하여 얻은 값은 68km s^{-1} Mpc^{-1}으로 오차범위를 크게 벗어나 갈등이라 부르는 것이다. 만일 73km s^{-1} Mpc^{-1}이 맞다면 우주배경복사 분석에서 가정한 암흑에너지를 잘못 이해하여 일어난 일일 수 있으니 이 차이의 확인은 정말 중요한 일이다. 우리나라 천문학 발전의 여러 길목에서 많은 기여를 한 이형목 교수가 이 난제를 해결하여 우주론에도 크게 이바지하길 기대한다.

마침 우리나라 학자 중에 암흑에너지의 일반적 해석에 대해 의문을 가진 이가 두 사람 있다. 물론 의문의 내용은 다르다. 연세대학교의 이영욱 교수는 초신성 관측을 수행하고 자료를 다시 분석하여 가속 팽창 자체가 자료 해석의 오류에서 나온 것이라고 주장하는 반면, 고등과학원의 박창범 교수는 우주 가속 팽창을 부인하는 것이 아니라, 암흑에너지가 우주상수라는 일반적인 생각과는 달리, 제5의 원소일 것이라고 제안하고 있다. 박창범 교수가 이렇게 생각하게 된 것은 극히 최근의 일로, 2023년 SDSS에서 관측한 방대한 은하 자료를 분석하여 얻은 결론이다. 만일 우주 가속 팽창을 일으키는 에너지가 제5의 원소에 의한 것이라면 21세기는 이 원소를 찾는 작업으로 달구어질 것이다. 어쩌면 우리나라가 21세기 우주론의 진원지가 될지도 모르겠다.

표준우주론

1994년 헤이그의 우주론 대담 당시 사람들이 받아들였던 표준우주론은 1932년 아인슈타인과 드 시터가 제안한 아인슈타인-드 시터 우주에 기초하고 있으며, 우주 생성 초기에 급팽창이 있었다는 가설을 포함하는 모형이다. 이 표준 모형에서 우주는 유한한 과거에 시작되었고, 팽창하고 있으며, 암흑물질이 우주의 대부분을 차지한다. 암흑물질은 차가운 암흑물질로써 은하와 같은 작은 천체가 먼저 만들어진 후 이들이 모여 은하단이나 초은하단과 같은 큰 천체가 형성되는 계층적 군집화를 이끈다. 표준우주론이 아인슈타인-드시터 모형으로 자리 잡기 전에 많은 모형이 제안되었고, 이들 모형은 모두 아인슈타인의 일반상대성이론에 기반하고 있다.

아인슈타인의 장방정식에서 유도된 최초의 우주 모형은 1917년 아인슈타인에 의해 발표된 정적 우주였다. 그는 정적 우주를 얻기 위해 1915년 발표할 당시에는 장방정식에 포함하지 않았던 우주상수를 장방정식에 추가했는데, 중력과 맞설 수 있는 척력을 얻기 위함이었다. 이 우주상수는 흔히 Λ람다로 표현된다. 우주 가속 팽창이 알려진 후 널리 받아들여진 우주론을 ΛCDM 우주론이라 하며, 이때 사용된 첫 글자 Λ가 바로 우주상수를 나타낸다. 이를 풀어 쓰면 '우주상수가 있는 차가운 암흑물질로 된 우주'다.

아인슈타인의 영원한 우주

아인슈타인이 아무런 근거도 없이 우주상수를 도입하면서까지 정적 우주에 집착한 것은 이유가 있다. 아인슈타인을 포함하여 당대의 대부분 사람들은 아리스토텔레스 이래 유지되어온 변하지 않는 우주, 즉 영원불변의 우주를 믿었기 때문이다. 그들의 믿음 속에 우주란 시작도 끝도 없이 우리가 보는 모습 그대로 영원히 존재하는 것이다. 그러나 우주상수를 도입하면서까지 정적 우주를 견지하려고 한 것은 무리한 시도였다. 슬리퍼의 은하 시선속도 관측과 이를 분석한 르메트르와 허블 등에 의해 우주의 팽창이 발견되었기 때문이다.

결국 아인슈타인은 그의 정적 우주 모형을 철회했는데, 결정적인 영향을 끼친 것은 이러한 관측 사실이 아니라 에딩턴이 지적했듯 그의 정적 우주는 불안정하여 쉽게 수축하거나 팽창하는 우주가 될 수 있다는 점이었다. 아인슈타인은 1931년 초, 허블이 은하의 적색이동을 관측한 윌슨산천문대가 있는 미국 패서디나에 두 달 머물며, 헤일과 톨먼Richard C. Tolman 등 그곳의 천문학자들과 시간을 가졌다. 아인슈타인은 그 뒤 정적 우주를 버리고 정적 우주와는 반대 특성을 가지는 우주 모형을 만들었던 드 시터와 함께 우주상수가 없는 모형을 만들었고, 그 산물이 1932년에 발표된 아인슈타인-드 시터 우주다.

아인슈타인은 정적 우주에 대한 집착으로 1922년 발표된 프리드만의 우주 모형이나 1927년 발표된 르메트르의 우주 모형을 받아들이지 않았다. 1922년 작성된 프리드만의 논문을 심사한 아인슈타인은 처음엔 수식에 결함이 있다고 생각하여 무시하기도 했다. 그 후 수학적 결함이 없는 것을 확인하고 이 생각을 철회했으나, 여전히 프리드만 모델이 수학적 호기심을 충족시킬 수는 있으나 실제 우주와는 무관하다고 냉소적인 태도를 취했다.

프리드만은 우주상수를 고려하지 않고 우주가 어디서나 어느 방향으로나 동일한 모습을 가진다는 우주원리를 가정하여 장방정식을 풀었고, 그 결과 공간의 곡률에 따라 3가지 형태로 진화하는 우주 모형을 발견했다. 프리드만의 우주 모형은 곡률에 따라 달라져 곡률이 양이면 닫힌 우주, 음이면 열린 우주가 되며, 곡률이 0이면 평탄 우주가 된다. 그의 논문이 게재된 학술지가 그다지 많은 사람이 보는 것이 아닌 데다, 아인슈타인의 외면으로 프리드만의 우주 모형은 한동안 세상에 알려지지 않았다. 그러나 오래지 않아 사람들의 주목을 받았고, 1980년대 초 급팽창 가설이 나오기 전까지는 우주를 기술하는 유력한 모형으로 간주되었다.

르메트르의 논문도 크게 다르지 않았다. 아인슈타인은 르메트르의 모형을 수학적으로 아무런 오류가 없지만, 물리적으로는 끔찍하다고 평가절하 했다. 아마 아인슈타인의 이러한 태도는 이들의 우주 모형이 그가 확신했던 영원한 우주를 부인하기 때문일 것이다. 아인슈타인이 르메트르의 우주 모형에 다시 관심을 가지게 된 것은 1930년 초 르메트르가 아인슈타인을 만나 그의 모형을 설명한 후였으며, 벨기에 학술지에 프랑스어로 출판된 논문이 에딩턴의 도움으로 영국 《왕립천문학회지》에 다시 출판된 일이 계기가 되었다.

아인슈타인이 제대로 평가하지 않은 것과는 무관하게 르메트르는 현대 우주론의 발전에서 지대한 공헌을 한 사람이다. 앞서 언급했듯 르메트르가 흔히 빅뱅우주론의 아버지로 불리는 데는 몇 가지 이유가 있다. 우선, 슬리퍼의 적색이동 관측 결과와 허블의 은하 거리 자료를 이용하여 허블보다 2년 먼저 은하의 후퇴 속도와 거리 사이에 선형 관계가 있음을 밝혔다. 또한 1917년에 발표된 최초의 팽창 우주 모형인 드 시터의 모형을 이용하여 이 관계가 은하 자체의 운동 때문이 아니라 우주가 팽창하기 때문에 일어나는 현상이라고 해석했다.

1927년에는 자신의 독자적인 우주 모형을 만들었는데, 이는 물질이 있는 우주 중 가속 팽창을 설명하는 최초의 모형이었다. 이 때문에 우주의 가속 팽창이 발견된 뒤에는 그의 모형이 새롭게 조명되고 있다. 그뿐 아니라 1931년에 우주의 시작은 '원시 원자'의 폭발로 이루어졌다고 추론하여 빅뱅에 의해 우주가 시작되고 팽창하고 있다고 설명했다.

아인슈타인의 영원한 우주에 대한 집착은 프리드만이나 르메트르의 우주 모형을 폄하하게 했을 뿐 아니라, 심지어 1931년에는 정상우주론을 고려하게도 했다. 그러나 아인슈타인은 결국 집착에서 벗어나 팽창 우주를 처음으로 제안했던 드 시터와 함께 1932년 우주상수가 0이고, 공간의 곡률이 0인 아인슈타인-드 시터 우주 모형을 발표했다. 이 모형은 물질이 지배적인 우주를 기술하는 프리드만 모형의 평탄 우주와 같은 것으로, 우주의 크기를 나타내는 척도인자(a)는 시간(t)이 지날수록 커져 $a \propto t^{2/3}$과 같이 나타낼 수 있다.

물론 우주가 팽창하는 속도는 우주를 이루는 물질의 중력에 의해 점차 느려져 우주가 무한히 커질 때쯤에는 팽창이 멈추게 되지만, 곡률이 양인 우주의 진화에서 나타나는 수축은 일어나지 않는다. 평탄 우주는 닫힌 우주와 열린 우주의 경계에 해당하므로 평탄 우주의 밀도를 임계밀도 ρ_c라 하며, 이 값은 허블상수(H)와 중력상수(G)로부터 다음과 같이 구할 수 있다.

$$\rho_c = \frac{3H^2}{8\pi G}$$

아인슈타인과 드 시터가 이 우주 모형을 발표했을 때 허블상수는 H = 500km s^{-1} Mpc^{-1}이었고, 이로부터 구한 임계밀도는 4 × 10^{-28}gr cm^{-3}였다. 현재 관측된 허블상수 H = 70km s^{-1} Mpc^{-1}을 사용하면 임계밀도는 8 × 10^{-30}gr cm^{-3}이 된다.

이렇게 탄생한 아인슈타인-드 시터 우주 모형은 우주 가속 팽창이 발견되기 전까지 표준 우주 모형 역할을 해왔다. 아인슈타인은 우주상수가 없는 우주 모형이 여러 면에서 관측과 잘 부합하자 훗날 주변 사람들에게 우주상수를 도입한 것이 일생 최대의 실수라고 고백하게 된다. 그러나 아인슈타인의 후회처럼 우주상수 도입이 반드시 불필요한 일은 아니었다. 특히 에딩턴과 르메트르는 아인슈타인이 장방정식에서 우주상수를 빼려는 것을 강하게 반대했는데, 그 이유는 우주상수가 중력만큼이나 우주에서 중요한 역할을 한다고 생각했기 때문이다.

　　우주상수의 유용성은 우주상수를 버린 지 70년이 지난 20세기 말에 우주 가속 팽창이 발견된 후 드러났다. 우주가 가속 팽창하기 위해서는 척력을 주는 힘이 있어야 하는데 이 역할을 하는 것으로 우주상수만큼 그럴듯한 게 없기 때문이다. 물론 아직 우리는 암흑에너지가 무엇인지 모른다. 그러나 암흑에너지가 공간 자체가 가지는 에너지라면 이를 우주상수로 표현해서 안 될 것이 없다. 이런 면에서 2019년 우주론에 기여한 공로로 노벨물리학상을 받은 프린스턴대학의 피블스는 2020년 출판한 그의 저서《우주론의 세기 Cosmology's Century》에서 우주상수가 암흑에너지로 이름을 바꾸었다고 했다.

우주론의 과제들

아인슈타인-드 시터 우주 모형은 1965년 우주배경복사가 관측되어 경쟁 우주론인 정상우주론을 누른 후 빅뱅우주론의 기본 모형으로 자리를 잡았다. 고온 고밀도의 상태로 출발한 우주가 팽창하면서 식어 온도가 내려가고 있다는 것이 우주배경복사로 확인되었기 때문이다. 특히, 1981년 우주 초기에 급팽창이 있었다는 가설이 구스Alan Guth에 의해 제안되고, 이 가설이 그동안 우주론의 과제였던 지평선 문제와 평탄성 문제 등을 해결하자 우주 가속 팽창이 발견되기 전까지 한동안 우주를 기술하는 표준 모형으로 자리

잡았다. 급팽창은 우주의 나이 10^{-33}초 부근에 일어났으며, 우주의 크기가 지수함수적으로 팽창한다. 급팽창을 가져온 에너지는 우주의 상전이에서 생긴 잠열로 생각되며 일종의 진공 에너지로 볼 수 있다. 급팽창은 가설이지만 이 가설을 도입함으로써 천문학계는 지평선 문제, 평탄성 문제 등 평탄 우주 모형에서 어쩔 수 없었던 것을 해결할 수 있었다.

지평선 문제란 우주의 나이 동안 빛이 갈 수 있는 거리보다 더 먼 곳에 있는 지역들이 온도나 밀도 등의 물리량이 같은 값을 갖는 것으로 관측된 바를 말한다. 빛의 속도는 정보가 전달될 수 있는 최대 속도이므로 빛이 닿을 수 없는 거리에 있는 우주의 두 지역, 즉 인과관계가 없는 두 곳이 같은 물리량을 가질 가능성은 매우 적은데 실제로는 같은 상태로 관측되어 생긴 문제다.

평탄성 문제는 우주가 왜 하필이면 곡률이 0이냐는 것이다. 곡률이 양의 값이나 음의 값을 가질 수 있는 경우의 수는 무한히 많으나, 곡률이 0인 경우는 한 가지밖에 없다. 따라서 우주가 평탄할 확률은 0인데 실제 우주가 평탄한 것으로 관측되니 문제인 거다.

급팽창이 있는 경우 지평선 문제는 바로 사라진다. 왜냐하면 급팽창 전에는 우주가 모두 지평선 안에 있다가 급팽창으로 지평선 밖으로 나왔기 때문이다. 우주의 곡률이 0이 되는 것도 쉽게 이해할 수 있다. 풍선을 생각해보자. 어린이 장난감으로 만드는 풍선은 별 모양도 있고 달 모양도 있다. 물론 구나 타원형도 있다. 풍선이 어떤 모양으로 만들어졌든지 우리가 풍선에 바람을 계속해서

불어넣어 부풀린다고 가정해보자. 물론 풍선은 어떤 경우에도 터지지 않는다고 가정한다. 만일 바람을 무한히 많이 불어넣게 되면 풍선의 모양이 어떻게 될까? 아마 모든 풍선은 구형이 될 것이고, 반경이 무한히 커져서 곡률이 0이 될 것이다.

급팽창은 빅뱅 후 10^{-33}초 부근에 일어나 $\sim 10^{-32}$초 동안 유지되었다고 생각하며, 급팽창이 일어난 후에는 급팽창 전에 비해 우주의 크기가 최소 $\sim 10^{30}$배 이상 커진다. 이 정도 커지는 것을 다르게 설명하면 크기가 10^{-8}센티미터인 수소 원자가 우리은하만큼 커지는 데 비유할 수 있다.

이렇게 급팽창한 우주는 급팽창을 일으켰던 에너지를 다 소모하고 나면 다시 정상적인 팽창을 하게 된다. 우주가 팽창함에 따라 온도가 내려가기 때문에 빛에너지로부터 쿼크나 전자 등이 만들어지고, 빅뱅 후 1초쯤 되면 우주의 온도는 약 10억 도가 된다. 이렇게 온도가 내려가면 양성자와 중성자가 결합하여 중수소나 삼중수소, 헬륨과 헬륨의 동위원소 등을 만들게 된다. 이 과정을 빅뱅 핵합성이라 부르고 이때 만들어진 수소와 헬륨은 질량비로 75 대 25가 된다. 우주의 온도가 계속 내려가므로 우주의 나이가 20분쯤 되었을 때는 이러한 빅뱅 핵합성이 더 이상 일어나지 않는다. 우주의 온도가 더 내려가면 결국 전자가 수소 핵이나 헬륨 핵과 결합하여 이온화된 상태가 끝나고 중성원자가 된다. 이때가 대략 우주의 나이가 38만 년이 되었을 때다.

전자가 사라지고 나면 빛과 물질은 분리되어 빛은 온 사방으로 자유롭게 진행하고, 이때 나온 빛이 우주배경복사로 관측된다. 우주배경복사가 방출될 당시의 온도는 3,000K 정도였으나 그동안 우주가 식어 관측되는 우주배경복사는 2.7K에 해당된다. 우주의 온도는 우주의 크기에 반비례하여 변한다. 우주배경복사를 방출할 때의 온도와 지금 온도가 약 1,000배 차이 나므로 우주의 크기가 그동안 1,000배 커졌다는 것을 알 수 있다.

우주배경복사는 모든 방향에서 거의 동일한 강도로 관측되지만, 자세히 측정하면 방향에 따라 10^{-5}배 정도의 차이가 나타난다. 즉, 아주 미세하지만 복사 강도의 차이가 있으며, 이는 우주가 생성될 당시에 있었던 양자 요동이 급팽창으로 성장한 결과라고 추정된다. 즉, 양자 요동이 우주배경복사의 전파강도 불균질로 나타난 것이다. 우주가 팽창하는 과정에서 밀도가 큰 곳을 중심으로 물질이 모이고, 이들이 자라며 중력적으로 불안정해져 결국 붕괴하게 된다. 이렇게 해서 만들어진 것이 은하이고 이들이 모여서 은하단이 되고 초은하단이 되었다. 이렇게 은하나 은하단 등이 만들어지는 과정에서 암흑물질이 결정적 역할을 하고, 작은 천체에서 큰 천체로 구조가 자라고, 은하단과 초은하단들에 의해 우주의 거대구조가 만들어졌다.

작은 구조에서 시작해서 큰 구조로 자라는 계층적 집단화를 이루는 암흑물질을 차가운 암흑물질이라 하고, 표준우주론은 차가운 암흑물질을 가정한다. 차가운 암흑물질은 관측되는 우주배경복사나 은하들의 분포를 잘 설명할 수 있다. 은하 안에서 별이 생성되고, 태양과 같은 별에서는 주변을 도는 행성이 함께 만들어진다. 지구와 같은 곳에서는 생명체가 발생했는데, 생명체가 만들어지기 위해서는 수소와 헬륨 이외에 탄소와 산소 등 다른 원소도 있어야 한다. 이들 원소가 모두 별의 내부에서 만들어진다는 것을 최초로 밝힌 사람이 바로 호일이며, 앞에서 언급한 B^2FH 논문이 바로 별의 내부에서 이루어지는 원소의 핵합성을 다루었다.

우주의 실제 밀도를 측정하는 일은 쉽지 않지만 불가능하지도 않다. 지금까지 많은 방법이 고안되었고, 대부분 결과는 우주의 밀도가 임계밀도에 가깝다는 것이다. 이는 관측되는 우주가 평탄한 우주임을 강하게 암시하고, 그렇기 때문에 우주 초기의 급팽창을 받아들이지 않는 학자도 평탄한 우주는 받아들인다. 예를 들면, 2020년 노벨물리학상을 받은 펜로즈는 우주 초기의 급팽창을 부인하지만 우주가 평탄하다는 것은 받아들이고, 우주가 평탄한 이유를 이전 우주에서 우주가 무한히 팽창하여 평탄한 우주가 되었고, 지금 우주는 그 우주를 계승하기 때문에 평탄하다고 주장한다. 이에 대해서는 뒤에서 다시 다루겠지만 우리가 보는 우주가 유클리드 기하학이 성립하는, 공간의 곡률이 0인 평탄한 우주라고 생각하는 데 무리는 없어 보인다. 그렇다면 임계밀도가 결국 우주의 실제 밀도인 셈이니 허블상수만 제대로 구하면 우주의 밀도를 알 수 있다.

우주의 밀도는 사실상 진공에 가깝다. 지구상에서 아무리 고도의 진공을 만들어도 도저히 이룰 수 없을 정도다. 물론 우주의 위치에 따라 밀도는 엄청난 차이를 보여, 태양의 경우에는 밀도가 1.4gr cm^{-3}이고, 지구는 이보다 약 4배 높다. 별과 별 사이에 있는 공간에는 1세제곱미터당 1개의 수소 원자가 있으니 태양보다 약 10^{-24}배 낮다. 그러나 별과 별 사이 공간의 밀도는 우주에 비하면 100만 배쯤 높은 편이다. 이렇게 엄청나게 낮은 우주의 밀도는 현재의 밀도를 말하는 것이고, 우주가 팽창해왔기 때문에 과거로 갈수록 우주의 밀도는 높아져 빅뱅 당시에는 거의 무한대에 이르게 된다.

준정상우주론 토론

드디어 우주론 토론이 있는 날이 되었다. 하루의 오전 시간을 모두 준정상우주론과 표준우주론의 논의에 할당했다. 대부분 학자들이 우주 초기의 급팽창이 가미된 빅뱅우주론인 표준우주론을 지지하기 때문에 사실 이 토론은 준정상우주론을 주장하는 사람들을 위한 자리다. 원래 계획에는 호일도 참석하는 것으로 되어 있었는데 건강상의 이유로 참석하지 못하고, 준정상우주론 논문을 《천체물리학저널》에 게재한 저자들인 날리카Jayant Vishnu Nariikar, 버비지 부부 그리고 아르프Halton Arp가 참석했다.

준정상우주론의 소개는 날리카가 했고, 퀘이사가 은하에서 떨어져 나온 천체라는 발표는 이를 주장하는 아르프가 발표자였다. 준정상우주론을 주장하는 사람들은 하나같이 대단한 업적을 가지고 있다. 이들의 대표인 호일은 말할 것도 없고, 제프리 버비지는 《천체물리학저널》의 편집장을 지냈으며, 마거릿 버비지는 항성의 핵합성을 다룬 기념비적인 논문인 B^2FH의 제1저자다. 아르프는 '특이 은하 목록'을 만든 사람으로 은하 연구의 대가다. 날리카는 상대적으로 덜 알려졌지만, 실질적으로 호일을 계승한 사람이다. 이런 이들이 준정상우주론을 주장하니 학계에서도 아무렇지 않은 일로 치부할 수 없는 것이다.

준정상우주론은 정상우주론의 한계를 극복하여 빅뱅우주론과 경쟁하기 위해 제안된 우주론이다. 준정상우주론에서 우주는 항상 동일하지는 않고 밀도가 크고 온도가 높은 시기가 있고, 이때 우주배경복사가 방출된다고 설명한다. 또한 암흑물질과 우주론적 핵합성도 설명할 수 있다고 주장한다. 이처럼 그 당시 알려진 모든 관측 사실을 설명할 수 있다고 해 주목할 가치가 있지만, 문제는 사람들이 관심을 가지지 않는다는 점이다. 그래서인지 날리카는 토론의 말미에 의미심장한 말을 했다. 바로 '소년이여, 야망을 가져라'라는 질타였다. 그의 세대에는 주류 학문이 아니어도 젊은이가 관심을 가지고 도전했는데, 지금 세대는 그렇지 않다는 것이다. 세계의 진보가 항상 시류를 따라가는 것만은 아님을 되새겨볼 필요는 있다.

우주는 변하지 않는가?

준정상우주론의 토대가 된 정상우주론은 1948년 호일, 본디, 골드에 의해 제안되었다. 이때는 가모브에 의해 빅뱅우주론이 공고해져 유력한 우주론으로 자리를 잡아가던 시기다. 우주의 모습이 변하지 않는다는 의미로 정상우주론이란 이름을 붙였지만, 우주가 팽창하고 있는 것이 명확했기 때문에 정상우주론 내에서 설명할 필요가 있었다. 이렇게 해서 나온 것이 연속 창조 가설이다. 이를 도입하면 우주에 끊임없이 물질이 만들어져 팽창으로 커지는 공간을 메워주므로 우주의 밀도를 일정하게 유지할 수 있다. 사람들은 빅뱅우주론의 두 머리글자 'bb'와 연속 창조의 두 머리글자 'cc'를 따와 베베냐 쎄쎄(프랑스어 알파벳 b와 c의 발음. 연속 창조의 영어가 'continuous creation'이니 cc로 부른 것이다)냐 하고 논쟁을 벌였다. 나는 이 말을 학부 때 현정준 교수님께 들었는데, 프랑스어에 능하신 분이라 우리에게 소개하신 것 같다.

연속 창조 가설은 아무것도 없는 것, 즉 무에서 물질이 생성되어야 한다는 대담한 발상이었다. 이 아이디어를 처음 제시한 사람은 골드로 알려졌다. 그러나 무에서 생성되는 물질의 양이 매우 적어서 이를 관측으로 확인하는 것은 불가능했다. 연속 창조를 팽창하는 우주에 도입함으로써, 정상우주론은 사람들의 마음을 사로잡으며 1960년대 초까지 빅뱅우주론 못지않은 지지를 받았다.

정상우주론과 빅뱅우주론의 가장 큰 차이점은 우주의 시작에 대한 개념이다. 빅뱅우주론은 유한한 나이를 가지는 시작이 있는 우주를 가정한다. 이와 달리 정상우주론은 시작이 없는 무한한 우주를 가정한다. 이 차이로 인해 두 우주론은 서로 다른 가정을 도입한다. 빅뱅우주론은 현재의 관측자에게 우주가 균질하고 등방적으로 관측되는 우주원리를 채택했고, 정상우주론은 다른 시간의 관측자에게도 우주가 균질하고 등방적인 모습으로 관측된다는 완전우주원리를 채택했다. 즉, 정상우주론은 대폭발우주론과 달리 우주가 어느 시간에서도 동일한 모습을 갖는다고 설명하니 자연스러워 매력적이다. 우주가 시작도 없고 끝도 없이 현재의 모습으로 존재한다는 것이다.

호일은 연속 창조를 위해 창조장을 도입해 무에서 물질이 만들어지는 것을 설명할 수 있었다. 무에서 물질이 만들어진다니 조금 이상하게 들릴 수도 있으나 아무것도 없는 무에서 우주 전체가 만들어지는 대폭발우주론에 비하면 그다지 놀라운 일은 아니다. 'Big Bang 대폭발'이라는 용어는 BBC 방송에서 진행한 대담 때 호일이 처음 사용했다. 우주가 무에서 팝콘이 터지듯 생겨날 수 있겠느냐며 호일이 의문을 표하는 과정에서 'Big Bang'이라는 용어가 나온 것이다.

나중에 일부 사람들 가운데는 호일이 경쟁 관계에 있는 우주론을 조롱하기 위해 'Big Bang' 용어를 들고나왔다고 생각하는 이도 있었지만 호일은 그런 의도가 전혀 없었다고 했다. 그는 무에서 우주 전체가 생겨나는 것보다는 무에서 아주 작은 양의 물질이 생겨나는 게 더 쉽다고 보았다.

정상우주론은 우주에 대한 일반적인 생각과도 어긋나지 않아 많은 지지를 받았으나, 1965년 우주배경복사가 발견되어 설 땅을 잃었다. 영원한 우주에 대한 꿈으로 준정상우주론이 나왔으나 대폭발우주론의 아성을 넘을 수 있을 것 같지는 않다. 우주배경복사와 암흑물질도 설명할 수 있다고 하지만, 급팽창이 들어올 자리는 없어 보인다. 과연 급팽창 없이 평탄성 문제를 설명할 수 있을까?

이미 저문 정상우주론을 보며 그 이론을 만든 호일에 대한 감회가 새롭다. 호일은 대단히 창의적인 사람이어서 새로운 이론들을 제안했지만, 인정된 건 많지 않다. 그가 제시한 가설 가운데 생명체의 우주 기원설처럼 여전히 관심을 끄는 것도 있지만 그렇지 않은 것도 많다. 케임브리지대학의 교수로서 주변과 마찰을 마다하지 않으며 전통이나 선입견에 얽매이지 않은 학자로서의 생애는 그가 끝까지 정상우주론에 매달린 것을 두고 고집으로만 볼 수 없게 만든다.

자, 이제 대폭발우주론에서 이야기하는 우주의 시작이 어떤 함의를 가지는지 살펴보자. 우리의 우주에 시작이 있었고 그 시작이 무한히 먼 과거에 일어난 일이 아니라 유한한 시간을 거슬러 올라가면 만날 수 있는 시점이라는 것은 매우 중요하다. 무한히 먼 과거라면 우리는 우주의 시작이나 그 직후에 일어난 사건에 관한 정보를 도저히 얻을 수 없지만 유한한 과거라면 우주의 시작 부근까지 정보를 캘 수 있다. 우주배경복사가 그 한 예다. 138억 년의 우주 역사에서 초기라 할 수 있는 우주 시작 후 38만 년이 되었을 때 방출된 우주배경복사는 은하의 생성이나 우주 거대구조를 이해하는 데 필요한 우주 초기의 정보를 담고 있다.

이를 우리가 관측할 수 있는 것은 우주의 시작이 무한히 먼 과거에 이루어진 일이 아니기 때문이고, 우주의 온도가 절대온도 0도가 되지 않았기 때문이다. 만일 지금 우주가 무한히 먼 과거에 시작되었다면 지금 이 우주에는 생명체도 있을 수 없다. 열역학 제2법칙에 따라 무질서가 무한대가 되어 열 죽음 상태로 되며 생명체도, 지구도, 태양도 존재할 수 없기 때문이다. 비록 138억 년이라는 나이가 짧지는 않지만 유한해 우주의 진화도 현재 진행형이 되어 역동적인 우주가 된다.

우주론의 새로운 시대

20세기 말인 1998년 발견된 우주의 가속 팽창으로 우주론은 새로운 시대를 맞게 되었다. 우주를 가속시키는 에너지의 정체는 모르지만 이를 일단 암흑에너지라 부르게 되었고, 암흑에너지의 가장 유력한 후보는 아인슈타인이 1917년 도입한 우주상수다. 우주 가속 팽창이 발견되기 전, 표준우주론은 우주 초기의 급팽창을 받아들임으로써 아인슈타인-드 시터 우주 모형이 가진 우주의 평탄성 문제와 지평선 문제는 해결할 수 있었지만, 또 다른 문제가 천문학자들을 괴롭히고 있었다. 바로 우주의 나이다. 물질만 있는 평탄 우주에서 우주의 나이는 허블상수의 역숫값에 비례하며 이때 비례상수는 2/3가 된다.

$$\text{우주의 나이} = \frac{2}{3}H^{-1}$$

허블우주망원경으로 세페이드 변광성을 관측해 가까이 있는 은하의 거리를 구하여 계산한 허블상수는 약 70km s^{-1} Mpc^{-1}으로 그동안 샌디지가 주장하던 50km s^{-1} Mpc^{-1}과 드 보쿨뢰르가 주장하던 100km s^{-1} Mpc^{-1}의 중간값에 가깝다. 제1형 초신성 등을 이용한 허블상숫값도 이와 크게 다르지 않아 허블상수를 70km s^{-1} Mpc^{-1}으로 생각할 때 우주의 나이는 94억 년 정도가 되어, 그 당시 알려졌던 구상성단의 나이인 130억 년보다 오히려 더 적어 문제가 생겼다. 은하의 나이는 그 은하에서 가장 나이가 많은 천체의 나이에 해당하기 때문에 결국 우주의 나이보다 은하의 나이가 더 많은, 이해할 수 없는 일이 벌어진 것이다. 엄마에게서 태어난 아기가 엄마보다 더 늙은 것을 어떻게 이해할 수 있겠는가?

그러나 펄머터 등에 의해 우주 가속 팽창이 발견되었고, 다른 연구 그룹의 관측에서도 이것이 확인되자 우주의 나이 문제는 쉽게 해결되었다. 가속하는 우주의 팽창률은 우주의 나이가 증가할수록 커지고 있어 과거에는 허블상수가 지금 관측되는 값보다 훨씬 작아진다. 이를 고려하면 우주의 나이는 약 138억 년이 되어 은하의 나이보다 더 많아 문제가 생기지 않는다. 또한 우주 나이를 측정하는 정확도도 크게 향상되어 137.72 ± 0.59억 년으로 결정할 수 있을 정도가 되었다. 우주의 나이뿐 아니라 다른 물리량도 과거와는 비교할 수 없을 정도로 정확해져 21세기는 정밀 우주론의 시대라 부른다. 우주는 물질이 전체의 약 27퍼센트를 차지하며, 암흑에너지가 약 73퍼센트를 차지한다. 물질 중 약 85퍼센트는 암흑물질로 알려져 있다.

헤이그 우주론 대담 당시의 표준 모형은 아인슈타인-드 시터 모형에, 우주 생성 초기에 급팽창이 있었다는 가설을 포함하는 것이었다. 표준 모형에서 우주는 유한한 과거에 시작되었고, 팽창하고 있으며, 대부분 암흑물질로 되어 있다. 암흑물질은 차가운 암흑물질로 은하와 같은 작은 천체가 먼저 만들어진 후 이들이 모여 은하단이나 초은하단과 같은 큰 천체가 만들어지는 계층적 군집화를 이끈다.

우주의 시작과 그 이전에 대하여

1930년대 초 르메트르에 의해 제안된 원시 원자 가설을 기반으로 한 빅뱅우주론은 20세기를 마감하며 정밀 우주론의 시대를 열었다. 초기의 급팽창이 포함된 빅뱅우주론은 우주배경복사, 수소와 헬륨 등 중입자 원소의 비율, 거대구조의 생성과 진화 등을 자연스럽게 설명하며 표준 모형의 위치를 굳건히 했고, 우주의 나이도 약 1억 년의 오차 범위로 계산할 수 있게 되었다. 은하가 발견되고, 우주 팽창이 발견된 지 100년도 채 되지 않았는데, 우주에 대한 이해가 이처럼 진전된 것이다. 그렇다고 남은 문제가 없는 것은 아니다.

무엇보다 우주 초기에 지수함수적으로 급격히 팽창하는 시기가 있었다는 급팽창 이론은 여전히 가설의 수준을 넘지 못하고, 우주의 시작 또한 현재의 물리학으로 설명하는 데 한계가 있다. 이와 함께 과연 약 138억 년 전 대폭발이 우주의 시작이며 정말 그 전은 없는 것인가 하는 근본적인 의문이 남아 있다.

빅뱅우주론에서는 우주가 어떻게 시작되었는지를 이해하는 것이 중요하다. 이미 무엇이 있었다면 그것은 시작이 아니니 결국 아무것도 없는 데서 우주가 생겨나야 진정한 시작이 된다. 그러나 진정으로 아무것도 없는 게 존재할 수 있을까?

일반적으로 물질이 없는 상태를 진공이라 부른다. 그러나 아직 완성된 물리학은 아니지만, 양자 중력이론 또는 양자장 이론에 따르면 진공은 아무것도 없는 상태가 아니라 입자의 무한한 생성과 소멸이 계속 일어나는 공간으로 설명한다. 총 에너지는 0을 유지하더라도 불확정성원리에 따라 이 진공에는 에너지 요동이 있고, 이러한 요동으로 인해 입자가 만들어지고 사라지기를 반복하는 것이다. 조금 다르게 표현하면 시공간의 진공상태는 끊임없이 생성되고 소멸되는 입자로 부글부글 끓는 공간이라고 이해할 수 있다. 따라서 진공은 아무것도 없는 것이 아니라 무언가가 존재한다는 말이다.

표준우주론에서는 빅뱅의 시작이 이와 같다고 생각한다. 즉, 공간과 시간 자체가 양자적인 요동으로 생기는 것이다. 빅뱅이 일어나는 시기 즉, 플랑크시기에는 시간과 공간에 대한 일반적인 개념이 무너지며, 일반적인 인과관계와는 다르게 무에서 무언가가 생겨난다는 주장도 가능하다. 하지만 무에서 우주가 생기는 것을 제대로 설명하려면 우주가 만들어질 때 우주의 양자 상태를 알 수 있어야 한다. 그러나 이는 불가능하고, 설명하려는 모든 시도는 추측에 가깝다.

우리가 우주의 시작을 깔끔하게 설명할 수 없는 이유는 10^{-43} 초라는 플랑크시간 이전을 기술 가능한 완성된 물리학이 없기 때문이다. 단지 우리가 말할 수 있는 건 우주가 플랑크길이 정도로 작은 경우에는 상대론에 의해 시간의 규모도 극히 작을 수밖에 없다는 것이다. 이러한 시공간에 요동이 있으면 불확정성원리에 의해 에너지는 극도로 클 수밖에 없고 따라서 온도도 높아 극적인 팽창이 불가피하다. 이것이 이른바 빅뱅이라 부르는 우주의 시작이다.

'우주의 시작'을 피하려는 노력

우주가 유한한 과거에 시작했다는 점에 대해서도 적지 않은 사람들이 동의하지 않는다. 시작이 있는 우주를 피하는 방법은 두 가지다. 한 가지는 우주가 무한한 과거부터 이미 존재했다는 것이고, 다른 한 가지는 무한히 반복되는 순환 우주다.

무한한 과거로부터 존재하는 우주 모형의 대표적인 예로는 1917년에 발표된 아인슈타인의 정적 우주 모형과 드 시터의 우주 모형이 있다. 드 시터의 우주 모형은 물질이나 복사가 없는 비어 있는 우주로, 우주상수에 의해 처음부터 지수함수적으로 가속 팽창을 한다. 이 때문에 아무리 과거로 가더라도 시작점이 없다. 1927년 발표된 르메트르의 우주 모형과 1948년 본디, 골드, 호일이 제안한 정상우주론도 이 범주에 속한다. 르메트르의 1927년 모형은 시작을 아인슈타인의 정적 우주로 삼아 우주의 시작이 없는 모형이 되었고, 호일 등의 정상우주론은 물질의 연속 창조를 가정해 팽창하는 우주가 무한한 과거부터 같은 모습으로 존재하고 있음을 기술했다. 이러한 영원한 우주의 개념은 고대그리스 철학자들까지 거슬러 올라갈 수 있다.

일반상대성이론에 기반한 순환 우주의 최초 모형은 1922년 프리드만에 의해 고려되었다. 프리드만은 우주원리, 즉 등방적이고 균질한 우주를 가정해, 아인슈타인의 장방정식 해를 구했다. 그의 모형 중에서 곡률이 양인 우주는 팽창과 수축을 반복할 수 있으며, 우주상수가 0이고 우주의 질량이 태양질량의 5×10^{21}배라고 가정하여 그 주기가 약 100억 년이라고 계산했다. 르메트르도 프리드만처럼 순환 우주에 매료되어 순환하는 우주 모형을 만들기도 했으나 관측과 맞지 않는다는 이유로 배제했다.

정상 우주도 아니고 순환 우주도 아니지만 우주의 시작을 피하려는 노력은 르메트르의 1927년 모형이다. 그는 우주의 시작을 아인슈타인의 정적 우주에서 찾아 무한히 오랫동안 우주가 정적인 상태로 있다가 어느 시점에 와서 가속 팽창하는 모형을 만들었다. 그러나 1930년대 초 원시 원자 가설로 빅뱅우주론으로 돌아서며 이를 버렸다.

프리드만 모형 이외에도 몇 개의 순환 모형이 제안되었으나, 1930년대에 톨먼이 제기한 열역학 제2법칙 문제를 극복하지 못해 크게 주목받지 못했다. 톨먼이 지적한 바에 따르면 열역학 제2법칙 때문에 엔트로피가 증가하여 다음 사이클로 갈수록 순환 주기가 길어지니, 시간을 거꾸로 거슬러보면 결국 주기가 아주 짧은 시기가 있게 된다. 이것은 결국 시작이 있는 우주가 되어 시작도 끝도 없이 끊임없이 반복하는 순환 모형이 되지 못한다는 것이다. 그러나 21세기에 이를 극복한 몇 개의 순환 우주 모형이 제안되었다.

21세기에 제안된 순환 우주 모형 중 먼저 나온 것은 2002년에 발표된 스타인하르트Paul J. Steinhardt와 투록Neil Turok의 순환우주론Cyclic Cosmology, CC으로, 끈이론에서 제시하는 막의 충돌로 생긴 에너지에 의해 우주가 생성된다고 설명한다. 두 번째 모형은 2006년 펜로즈에 의해 제기되었으며 등각순환우주론Conformal Cyclic Cosmol-ogy, CCC으로 불린다. 2007년에는 바움Laurice Baum과 프램프턴Paul H. Frampton에 의해 끈이론에 기반한 CC 모형이 제안되었고, 이들은 스타인하르트–투록 모형과는 다른 상태방정식을 가정했다.

CC가 끈이론에 기반하고, CCC는 일반상대성이론에 기반하여 서로 접근 방법이 다르지만, CC와 CCC 모형은 몇 가지 중요한 공통점을 가지고 있다. 가장 두드러진 점은 CC나 CCC 모두 특별한 시작을 지칭할 수 없는 순환 모형으로, 특이점이 나타나지 않는다는 것이다. 새로운 우주는 엔트로피가 최소인 상태에서 출발하여, 톨먼이 순환 모형의 문제점으로 지적한 새로 시작하는 주기가 엔트로피 최저인 상태에서 시작하지 못하는 점을 극복했다.

CC와 CCC 모형은 기본이 되는 물리학이 끈이론과 일반상대성이론이라는 근본적인 차이로 인해 여러 면에서 다르지만 가장 큰 차이점은 CC 모형에서는 실제 우주가 팽창과 수축을 되풀이하는 것이며, CCC 모형에서는 무한히 커진 우주가 수축의 단계를 거치는 것이 아니라 등각재조정을 통해 빅뱅으로 다시 출발한다는 것이다. 두 CC 모형도 다른 점이 있는데 가장 큰 차이는 스타인하르트–투록 모형에서는 상태방정식이 $\omega = \frac{P}{\rho} \geq -1$인 반면, 바움–프램프턴의 모형에서는 상태방정식이 $\omega = \frac{P}{\rho} < -1$가 된다. 우주의 상태방정식이 $\omega = \frac{P}{\rho} \geq -1$인 경우, 팽창에서 수축으로 돌아선 뒤 대함몰 직전에 막의 충돌로 에너지를 얻어 다시 새로운 주기를 시작하게 되나 이때 밀도와 온도가 무한하지 않아 특이점이 생기지 않는다. 이

에 반해 $\omega < -1$인 경우, 우주가 심하게 찢어지는 것을 피할 수 없는데 찢어지기 직전에 막에 의해 되튕김이 일어나 우주가 다시 시작할 수 있다는 것이다. 어느 경우든 주기의 끝에 이를 때 지수함수적으로 팽창하여 엔트로피를 포함한 모든 것이 비어 있는 우주가 되고, 여기서 새로운 빅뱅이 시작하기 때문에 엔트로피가 최저인 상태에서 빅뱅이 일어날 수 있다고 한다.

크기가 변해도 각도가 유지되는 등각 순환 모형은 무한히 커진 지난 우주가 크기 재조정을 통해 무한히 작은 우주로 되며, 이 우주는 지난 우주의 기억을 가지고 있다. 이 기억 속에는 바일 곡률Weyl curvature(공간의 곡률에 나타나는 섭동. 렌즈로 비유하면, 렌즈의 배율이 공간의 곡률이면 렌즈의 불균질에 의한 난시 현상이 바일 곡률에 해당한다. 즉 바일 곡률이 0일 경우도 공간은 곡률을 가지게 된다)을 0인 상태로 만드는 우주의 균질성과 등방성이 들어 있어 프리드만 모형과 르메트르 모형이 필요로 하는 균질하고 등방적인 우주를 기술할 수 있다. 바일 곡률이 0이면 중력장에 의한 엔트로피가 작동하지 않으므로 우주가 빅뱅에서 엔트로피가 최소인 상태로 출발이 가능하다. 새로 시작하는 우주가 최소의 엔트로피로 시작하는 것은 전 우주의 미래에서도 엔트로피가 최소인 상태로 되었기 때문이다. 이렇게 된 것은 전 우주의 모든 엔트로피를 블랙홀이 가지게 되고, 이 블랙홀이 호킹 복사로 증발하며 엔트로피가 감소되었기 때문이다. 물론 이를 위해서는 블랙홀에서 정보의 손실이 일어나야 하며, 펜로즈는 끈이론가들의 주장과는 달리 호킹의 초기 계산처럼 블랙홀에서 정보의 손실이 일어난다고 생각한다.

펜로즈가 끈이론가들의 견해를 받아들이지 않는 이유는 양자역학이 파동함수의 붕괴에서 보여주듯이 일관성이 결여되어 정보가 보존될 필요가 없다고 생각하기 때문이다. 재미있는 점은 설혹 펜로즈의 생각과 달리 블랙홀에서 정보가 보존되더라도 무한히 커진 우주에서는 엔트로피도 사라진다는 게 다른 CC의 견해다. 결국 전 이언(~10^{110}년)의 먼 미래의 엔트로피는 최소가 될 수 있고, 이렇게 최소가 된 엔트로피가 등각재조정을 통해 균질성, 등방성과 함께 전 우주의 속성으로 다음 우주에 전달되어 현 우주에서 급팽창이 필요하지 않고, 시간의 화살을 따라 우주가 진화한다는 것이다.

펜로즈의 등각순환우주론

나는 펜로즈의 CCC가 매력적이라고 생각한다. 무엇보다 아직 정립되지 않은 이론에 의존하지 않고, 인플레이션을 대신하여 우주의 등방성과 균질성을 주는 바일 곡률 가설을 도입한 것 외에는 특별한 가정 없이 표준우주론과 잘 어울리기 때문이다. 더구나 모형을 검증할 예측도 두 가지나 있으니 검증이 가능한 우주론인 셈이다. 펜로즈의 등각순환우주론은 이름에서 알 수 있듯이 끊임없이 되풀이되는 우주이며, 그 핵심에 기하학적인 상사성相似性이 있다. 이 우주론은 빅뱅과 유사한 아주 작은 상태에서 시작해 무한히 커진 뒤 다시 무한히 작은 우주로 시작하는데 하나의 우주가 영겁의 시간인 이언 동안 유지되고 다음 상태로 넘어간다.

무한히 큰 우주에서 무한히 작은 우주로 넘어가는 과정이 저절로 되지는 않고 등각재조정을 위해 팬텀이라는 스칼라장(온도처럼 크기만 있는 물리량의 공간 분포)을 도입한다. 주목할 점은 이 스칼라장은 무한히 작고 온도가 높은 우주에서 질량으로 바뀌게 된다는 점이다. 이 물질은 중력 상호작용을 제외하고는 어떤 상호작용도 하지 않으므로 암흑물질로 간주할 수 있어, 암흑물질을 자연스럽게 설명할 수 있다. 이 암흑물질의 질량은 플랑크질량 정도로 붕괴 시간이 10^{11}년 정도라 이 물질이 다음 이언으로 넘어가지는 않는다.

이 입자의 붕괴는 중력 신호를 내며 다음 이언에서 우주배경복사에 규모와 무관한 온도 요동을 만들고 이러한 신호는 중력파 검출기로 식별할 수 있다. 에레본이라 부르는 이 입자의 붕괴에 따른 에너지 요동이 전 이언의 후반에 일어나는 가속 팽창을 겪으며, 현 이언의 배경복사에 규모와 무관한 온도 요동을 만들게 되므로 빅뱅 이후의 급팽창 과정이 필요하지 않다. 지난 우주의 후반부에서 일어난 가속 팽창으로 우주는 이미 평탄성 문제와 지평선 문제가 없이 출발하고, 현 우주의 우주배경복사에서 관측되는 크기와 무관한 온도 분포를 가능하게 한다.

펜로즈의 모형은 빅뱅 이후 급팽창이 없어도 균질하고 등방적인 팽창 우주를 설명할 수 있는 매력적인 모형이나, 쉽게 받아들여지지 않고 있다. 그 이유 중의 하나는 등각재조정을 위해 도입된 수학적 책략인 스칼라장이 물리적 실체로 바뀐다는 것이다. 그러나 이것은 대칭성의 붕괴 등 조건이 달라지면 스칼라장이 질량으로 변환되는 게 특별한 일은 아니기 때문에 그다지 큰 문제는 없어 보인다. 다른 비판 가운데 펜로즈의 모형에서 예측한 우주배경복사에 나타나는 동심 고리가 있다. 이 동심 고리는 은하단의 은하에 있는 초대질량블랙홀이 병합되며 발생하는 중력파에 의한 것인데, 이 동심 고리가 다른 사람의 분석에서는 잘 보이지 않는다는 점이다.

그러나 펜로즈는 2020년 대니얼Daniel An 등 동료들과 영국 《왕립천문학회지》에 발표한 논문에서, 다른 사람들이 이 동심 고리를 보지 못한 것은 우주배경복사를 제대로 분석하지 못했기 때문이라고 반박했다. 또한 같은 논문에서 지난 이언과 현 이언의 교차점에, 지난 이언의 블랙홀이 증발한 흔적인 호킹점 5개가 매우 신뢰할 수 있는 수준으로 발견되었으며, 이는 CCC의 명백한 증거라고 말한다. 이 5개의 호킹점은 잡음 형태가 완전히 다른 더블유맵과 플랑크 자료에 공통으로 있고, 이들의 위치가 일치하여 관측된 호킹점이 잡음에 의해 우연히 나타날 수는 없다고 했다.

등각순환우주론의 핵심 개념은 무한히 커진 우주와 빅뱅으로 시작하는 무한히 작은 우주가 모두 질량이 없거나 질량을 무시할 수 있는 상태이기 때문에 둘 사이에 등각 변환이 가능하다는 것이다. 우주가 무한히 커졌을 때 빛만 남기 위해서는 물질 대부분은 블랙홀에 흡수되어 궁극적으로 호킹 복사로 방출된다. 남아 있는 일부 물질은 오랜 시간이 걸리겠지만 결국 붕괴하여 사라져야만 한다. 질량의 소멸에는 이언 같은 긴 시간이 걸리겠지만, 전 이언의 먼 미래는 실질적으로 광자만 있게 되어 등각 불변 특성을 가지게 된다. 운동에너지는 온도에 비례하므로 온도가 극단적으로 높은 빅뱅에서는 정지질량에 의한 에너지를 무시할 수 있어 결국 질량이 없는 물질 또는 빛으로 가득 차 있는 것으로 가정할 수 있고, 이런 상태에서는 등각 불변이 성립한다. 이렇게 무한히 팽창한 공간과 빅뱅 때의 무한히 작은 공간이 둘 다 등각 불변으로서 본질적으로 같은 특성을 가져, 빅뱅이란 다름 아닌 전 이언의 무한한 미래가 새로운 우주로 시작하는 순간이라는 것이다.

펜로즈는 이것이 빛의 물리적 특성을 기술하는 맥스웰 방정식이 공간의 크기에 무관하게 기술된다는 점과 같은 원리라고 설명했다. 이는 시간을 정의하기 위해서는 질량이 있어야 하는 것과 무관하지 않다. 펜로즈는 20세기의 가장 위대한 두 식, $E = h\nu$와 $E = mc^2$로부터 $\nu = mc^2/h$를 유도하여 시간과 질량의 관련성을 설명했다. 시간은 진동수(ν)의 역수로 정의되므로 질량이 있어야만 시간이 정의되고, 질량이 클수록 시계가 정확해진다. 빛처럼 질량이 없는 입자의 세계는 무한한 미래나 시작이 같다는 것이다. 참, 획기적인 발상이다.

5부

천문대 관측 여행

▲보현산천문대 1.8미터 반사망원경 (p. 206)

▲보현산천문대 1.8미터 망원경에 장착된 분광기 (p. 208)

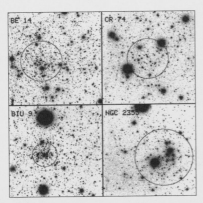

◀ '보현산 산개성단 탐사'에서 관측한 4개의 산개성단 (p. 212)
원으로 표시한 영역이 성단이 있는 곳이다.

▶ ESO가 있는 파라날에서 촬영한 황도광 (p. 213)

◀M106의 SDSS 색 영상 (p. 232)
보라색 삼각형으로 표시한 것이 이 영역에 있는 위성은하다.

▲나선은하 M81 (p. 233)

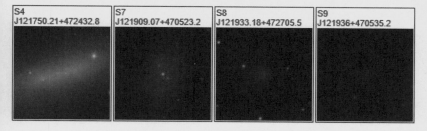

| S4
J121750.21+472432.8 | S7
J121909.07+470523.2 | S8
J121933.18+472705.5 | S9
J121936+470535.2 |

▲M106에서 찾은 위성은하의 일부 (p. 235)
왼쪽 것을 빼면 모두 왜소구형은하다.

보현산천문대의 건설

천문학자에게 남다른 것이 있다면, 바로 관측 여행이다. 천문학은 밤하늘을 보는 데서부터 시작했고, 망원경이 발명되면서 더 멀리 있는 천체를 관측하게 되었다. 갈릴레오가 처음 망원경을 만들었을 때는 손에 들고 볼 수 있을 정도의 작은 크기였으나, 점점 망원경의 구경이 커지며 이를 움직이는 기계장치가 첨가되었다. 이로 인해 망원경은 한곳에 고정하여 설치되고, 보관을 위해 돔이 만들어졌다. 오늘날의 천문대는 이러한 발전 과정을 거쳐왔으며 맑은 날이 많고, 광해가 없는 곳에 건설되었다. 그리고 천문학자들은 천체를 관측하기 위해 천문대를 방문하며 이를 관측 여행이라 한다. 내가 석사 과정 시절 그렇게 자주 다녔던 소백산천문대 방문이 바로 관측 여행이었다. 나의 여행은 보현산천문대가 건설되면서 대상이 바뀌었고, 해외로도 확대되었다.

국립천문대가 1978년 구경 61센티미터 망원경을 갖춘 소백산천문대를 건설하여 국내의 천체 관측을 주도해왔지만, 구경이 너무 작아 연구에 한계가 있었다. 다행히 1996년 4월, 구경 1.8미터 망원경을 갖춘 보현산천문대가 건설됨으로써 국내 관측 환경이 획기적으로 개선되었다. 보현산은 영천시 화북면과 청송면의 경계에 위치하며, 천문대는 영천시에 속한 지역에 자리하고 있다. 면사무소가 있는 자천에서 10킬로미터쯤 떨어진 거리인데, 직선으로는 5킬로미터도 되지 않는다. 내 고향인 오동은 자천에서 영천 시내 방향으로 5킬로미터 떨어져 있다. 나는 한국전쟁 중 대구에서 태어났지만 출생 신고는 자천면사무소에 했고, 지금도 본적은 이곳이다. 어쩌면 인연인 모양이다. 내 고향의 뒷산에 천문대가 들어섰으니.

　　망원경 건설이 완료된 후 시험 관측에 들어갔고, 나는 자주 보현산에 갔다. 보현산천문대에 있는 천문학자들은 거의 다 나와 인연이 깊다. 모두 이시우 교수님의 제자이고, 내가 그의 맏제자니 그런 것이다. 마침 DAO에서 사용한 망원경이 같은 구경이라 갖출 관측 장비도 비슷하여 경험을 공유하고 싶었다. 내가 돕지 않아도 다들 유능하니 잘하겠지만, 그래도 나의 관측 경험이 무엇인가 도움이 될 수 있을 것 같아서였다.

　　보현산천문대 건설은 한국천문연구원을 중심으로 국가 사업으로 추진되었다. 한국천문연구원은 천문학계의 숙원으로 건설된 국립천문대를 계승한 기관으로서 중요한 사업은 항상 천문학계의 중지를 모아 결정했다. 보현산천문대도 부지 선정 때부터 국내 천문학자들이 적극적으로 참여했다. 당시 우리나라는 망원경을 직접 제작할 기술을 보유하고 있지 않아 외국에서 망원경을 구매해 기술자들이 설치까지 마친 뒤 인계하는 방식으로 건설되었다. 그러나 천문대의 운영은 국내 천문학자들의 몫이었다. 한국천문연구원은 보현산천문대 운영을 위해 재능 있는 젊은 천문학자들을 연구원으로 초빙했고, 이에 이시우 교수님 밑에서 광학 관측을 배운 김강민, 전영범, 천문영, 박병곤, 육인수 등이 응했다. 이들은 망원경 제어, CCD 제어, 전자회로 안정화, 경면 코팅, 분광기 제작 등 필수 업무를 나누어 맡아 수행했다.

망원경 제어는 처음엔 망원경을 만든 회사에서 제공한 소프트웨어를 사용했으나, 기본적인 기능밖에 없어 박병곤이 다시 만들어 썼고, 전자회로 기판도 안전성이 떨어져 천무영이 천문대 기술직 직원의 도움을 받아 새롭게 제작했다. 전영범은 경면 코팅 설비를 담당하고, 육인수는 CCD의 제어, 필터 교환, 초점 맞추기 등 관측을 위한 인터페이스를 개발했다. 과거에는 관측자가 망원경에 달린 접안렌즈로 천체를 직접 보며 초점을 맞추고, 필터도 교체하는 등 관측을 위한 모든 작업을 수동으로 했지만, 현대의 관측은 전부 자동화되어 있다. 돔 건물 한편에 있는 관측실에서 컴퓨터 모니터를 보며 명령어를 자판으로 입력하여 망원경을 움직이고 초점 맞추기, 필터 교체 등 정밀한 관측에 필요한 모든 작업을 수행한다.

　　내가 소백산천문대에서 관측할 때와는 전혀 다른 환경이다. 컴퓨터가 발달하기 전에는 아무리 구경이 큰 망원경이라도 관측자가 망원경 가까이서 직접 이러한 작업을 했으나 기계 제어 기술이 발전하면서 컴퓨터로 수행하게 되었다. 이 모든 것을 보현산천문대도 갖추어야 해 시험 관측 기간에 필요한 작업을 한 것이다.

세계적인 성능의 분광기

모두들 열심히 일했고, 맡은 임무를 훌륭히 완수했지만 분광기 제작을 맡은 김강민의 노력은 특별했다. 그는 천문학과 4년 후배인데, 우린 분광기를 책에 있는 사진으로만 접했지, 실제로 본 적이 없었기에 연수가 필요했다. 보현산천문대에서 분광기 제작을 발주한 후 김강민은 캐나다 토론토 인근에 있는 데이비드 던랩 천문대DDO로 1년간 연수를 갔다. 김강민은 DDO에서 돌아온 후, 주문 제작해 들어온 분광기가 망원경과 잘 맞지 않아 이를 고치다가 포기하고 직접 만들기로 했다.

그는 제작 과정 중 원할 때 바로 분광기를 망원경에 붙여 시험할 수 있게 모든 일을 밤에 수행했다. 이 때문에 김강민과의 대화는 주로 한밤중에 이루어졌다. 시험 관측이 끝나고 망원경이 천문학자들에게 공개된 뒤에도 나는 관측을 위해 자주 갔고, 이때 역시 김강민은 밤이 아니면 볼 수 없었다. 그는 긴슬릿분광기 제작후 고분해능 분광기인 에셸분광기 제작에 들어갔으며 계속 낮과 밤을 바꾸어 생활했기 때문이다. 김강민은 집과 가족이 있는 대전에는 거의 가지 못하고 작업에 몰두하여 세계적인 성능의 분광기를 제작할 수 있었다. 그의 헌신으로 국내에서도 고분해능 분광 관측이 가능해졌고 특히, 속도 분해능이 초속 수 미터 정도가 되어야 가능한 외계행성 탐사 관측도 수행할 수 있게 되었다.

보현산천문대를 자주 방문하면서 여러 가지 일을 겪었다. 한번은 설 직전이었는데 강풍과 함께 폭설이 왔다. 후배들도 대부분 명절을 지내러 갔고 당직을 위해 일부 인력만 남았다. 나는 두세 시간이면 집에 갈 수 있으니 설날 새벽에 출발할 생각으로 천문대에 남아 있었다. 그런데 갑자기 군인들이 찾아왔다. 폭설과 강풍 때문에 헬기가 산으로 추락했는데, 사고 수습을 위해 시설을 사용할 수 있으면 좋겠다는 것이다. 남은 사람이 많지 않았고 사회 경험이 풍부한 사람도 없는 것 같아 내가 이들을 상대했다. 고급 장교와 장군까지 오니 나이 어린 직원들로서는 좀 부담스러웠을 것 같아서다.

보현산은 고도가 1,126미터로 등산하기 좋은 곳이다. 가을엔 단풍, 겨울의 설경도 일품이다. 사실 겨울철에 눈이 많이 오면 천문대까지 오르기 쉽지 않다. 정상까지 약 4킬로미터의 산길이 꾸불꾸불 이어져 있어, 바퀴에 체인을 장착한 차량으로도 이동이 어려웠다. 천문대 직원들은 들머리에 있는 정각초등학교에 차를 세워두고 천문대의 사륜구동차를 타거나 그러지 못하면 걸어가야 했다. 나는 눈이 적으면 내 차로 올랐고, 많을 때는 차를 세워두고 걸어서 올라갔다. 내가 등산을 즐기지 않았으면 시도하지 않을 일이었다.

보현산에 처음 오른 것은 1990년경 천문대가 들어설 장소가 결정되었으나, 아직 건설이 시작되기 전인 겨울철이었다. 이시우 교수님이 제자들과 천문대 부지 답사를 나선 데 함께한 것이다. 나는 부산에서, 강용희 교수님은 대구에서 출발하고, 이시우 교수님과 김강민, 전영범, 박남규, 천무영, 박병곤, 육인수, 김승리 등은 서울에서 출발해 영천에서 합류하여 보현산을 오르기로 했다. 오르는 코스는 내가 지도를 보고 정했는데 법룡사를 거치기로 했다.

영천에서 만나 텐트 등 막영구와 식량, 코펠 등 식사 도구를 나누어 지고 청송 가는 버스로 법룡사 가까운 곳까지 갔다. 버스 창밖을 보니 산이 희끗희끗했는데, 산길에 들어서자 눈이 발목을 넘어 무릎까지 오는 곳도 있었다. 서둘러 올라 어둡기 전에 샘터가 가까운 서봉 정상에 도착할 수 있었다. 정상 주변에는 눈이 제법 쌓여 있었다. 습기를 막기 위해 준비한 두꺼운 비닐을 깔고, 그 위에 텐트를 쳐 잘 준비를 했다. 샘터에서 물을 길어 와 요리해 저녁을 먹었다. 나를 제외하곤 눈 위에서 자본 경험이 있는 사람이 아무도 없을 것인데 다들 불편한 내색을 하지 않았다. 이번에 온 사람 모두 광학 관측천문학자들이라 앞으로 여기에 들어설 천문대를 가장 많이 이용하게 될 것이다.

눈 위에서 하룻밤을 보내고 아침을 먹고 주위를 둘러본 후 샘터 아래 계곡으로 난 길을 따라 정각마을로 내려왔다. 내려와서 보현산을 배경으로 사진을 찍었는데 모두 이 장면을 두고두고 잊지 못할 것이다. 천문학 사랑으로 추위와 불편을 견딜 수 있었으리라.

산개성단의 관측

보현산천문대는 국내에서 맑은 날이 가장 많은 곳에 있지만, 외국의 천문대에 비하면 관측 조건이 좋지 않다. 흐린 날이 잦고 맑더라도 대기가 불안정하여 천체의 측광에 어려움이 크다. 보현산천문대가 국내 학자들에게 공개되어 본격적인 관측에 들어가자 관측 조건을 고려하여 관측 시간을 집중할 수 있는 과제를 도출하기로 했다.

보현산천문대에 근무하는 전영범, 천무영, 박병곤, 육인수 그리고 소백산천문대의 김승리, 서울대학교의 이명균 교수, 성환경 박사 등과 몇 차례 모여 이곳을 국제사회에 알릴 수 있는 관측 과제를 만들기로 했다. 결국 산개성단 탐사 관측과 성단 변광성의 시계열 관측으로 정해졌다. 시계열 관측이 추가된 것은 날씨 사정을 고려한 것으로, 날씨가 그다지 좋지 않은 날은 별의 상대적인 밝기만 측정하면 되는 시계열 측광을 하고 날씨가 좋으면 산개성단 측광 관측을 하기로 한 것이다. 내가 책임연구원을 하기로 했다. 이는 1년 과제였는데 비교적 많은 관측 시간을 할당받아 소정의 성과를 거둘 수 있었고, 1999년 2월 중국 쿤밍에서 열린 동아시아 천문학자 회의에서 이명균 교수가 이 프로젝트를 소개했다.

그러나 결과가 그렇게 만족스럽지는 않았다. 비교적 많은 시간을 확보했음에도 측광 관측을 할 수 있는 날이 많지 않아 원래 계획했던 성단 중 일부만 관측할 수 있었기 때문이다. 보현산천문대 산개성단 탐사의 첫 논문은 보현산천문대도 소개하고 우리나라 천문학회지의 지명도도 높일 겸 1999년《JKAS Journal of the Korean Astronomical Society》(한국천문학회가 발간하는 회지)에 게재했고, 4개의 산개성단이 포함되었다.

두 번째 논문은 2002년《천문학저널》에 12개의 산개성단 관측 결과를 발표했다. 마지막 논문인 세 번째 논문은 한국천문연구원의 김상철 박사가 제1저자로 논문을 썼는데, 산개성단 2개의 관측 결과를 《JKAS》에 실었다. 한국천문연구원의 김승리 박사가 주도한 시계열 측광은 관측이 가능한 날이 비교적 많아 적지 않은 성과가 있었다. 첫 관측 결과는 김승리 박사가 1999년 부다페스트에서 열린 IAU 콜로키움 176에 참가해 발표했고, 4개의 성단 관측 결과를 《A&A Astronomy and Astrophysics》(유럽남방천문대에서 발간한다) 등 국제 학술지에 3편의 논문으로 실었다.

쿤밍 동아시아 천문학자 회의와 윈난성천문대

나는 쿤밍 동아시아 천문학자 회의에서 그동안 보현산천문대에서 관측한 은하의 중앙팽대부 특성을 발표했다. 이 회의는 여러 측면에서 기억에 남았다. 우선 공산당이 장악한 사회의 일면을 볼 수 있었다. 숙소에는 젊은 여성 직원이 많았는데, 모든 사람이 일을 해야 해 하찮은 일이라도 나누어 하는 것 같았고, 의사 결정은 공산당 서열이 높은 사람의 생각에 따라 정해지는 것으로 보였다.

동아시아 천문학자 회의에 참석하는 나라는 우리를 포함하여 중국과 대만, 일본이다. 논문 발표 일정이 끝난 후 주최 측에서 2박 3일의 여행을 준비했다. 여행 대상지는 티베트와 접경 지역에 가까운 리장이었다. 리장이 목적지가 된 이유는 양쯔강 상류에 있는 호도협과 옥룡설산 관광도 있었지만, 윈난성천문대에서 대형 망원경을 건설할 목적으로 시상이 좋은 장소를 물색하여 시험 관측을 하고 있는 곳을 견학하기 위해서다.

리장에서 차로 한 시간 정도 떨어진 고도 3,000미터의 고원이었고, 중국 천문대 중에서는 가장 시상이 좋은 곳으로 생각되었다. 리장 자체의 고도가 2,400미터이기 때문에 고원에 오르는 것이 어렵지 않다. 공항도 있어 접근성이 좋은 편이라 향후 동아시아 천문학자들이 공동으로 대형 망원경을 설치하거나 공동 연구 등을 모색하려는 의도도 있었다.

리장에 도착해서 바로 천문대로 갔는데, 마침 해가 진 직후라 맑은 하늘에서 은하수와 황도광을 볼 수 있었다. 황도광은 초저녁 해가 진 직후나 해 뜨기 직전에 볼 수 있다. 은하수와 비슷한 밝기라 광해가 심한 곳에서는 보이지 않는다. 나는 황도광에 그다지 관심을 가지지 않아 본 적이 없다고 생각했는데 리장 고원에서 경험하니 내가 그동안 황도광을 여러 차례 보았다는 것을 알 수 있었다.

은사님인 윤홍식 교수님과 민영기 교수님을 비롯한 많은 사람이 참석했다. 민 교수님은 심장 수술을 한 직후였는데도 참석하셨다. 중국의 천문 시설을 경험하고 싶으셨으리라. 학계의 원로란 이런 것이다. 비록 자신이 사용할 가능성이 없더라도 제자나 후학들이 이용할 수 있는 시설이니 관심이 가는 것이다.

오후에는 리장 마을에 주로 거주하는 나시족에 전해 내려오는 전통 음악을 감상했다. 연주는 중국 전통 악기를 사용했는데 연주자들이 대부분 노인이라는 점에 눈길이 갔다. 궁중 음악과는 다른, 독특한 음악인데 젊은이들이 관심을 가지지 않아 사라질까 안간힘을 쓰고 있었다.

공연 감상을 마친 후 골목을 돌아다니며 가게를 둘러보았다. 과거에 이들이 사용한 문자로 만든 도장을 보며 이 지역이 과거에 독자적인 문자를 쓸 정도의 문화를 가졌다는 것이 놀라웠다. 하루를 더 자고 대리로 이동했다. 대리는 과거 대리국이 있던 곳으로 대리석이 유명하다. 대리석의 고장답게 거리에서 대리석으로 만든 도자기를 팔고 있었다. 나도 기념으로 가방에 넣어 운반할 수 있을 만한 크기의 도자기를 2개 샀다.

사이딩스프링천문대와 날씨

호주 사이딩스프링천문대 관측 여행은 특별했다. 1990년대 후반에 갔으며, 계절은 여름철이었다. 사이딩스프링천문대는 시드니에서 북쪽으로 약 400킬로미터 떨어진 곳에 있다. 보통 시드니에서 경비행기로 인근에 있는 쿠나바브란이라는 작은 도시로 가 택시를 타거나 천문대에서 보내주는 차편을 이용한다. 이번 호주 관측도 날씨가 그다지 좋을 것 같지는 않았지만 이미 배정된 관측 일이라 무조건 가야 했다. 시드니에 도착하기 직전에 천문대가 있는 지역에 홍수가 났다는 이야기를 들었는데, 공항에서 본 하늘도 그렇게 맑지는 않았다.

관측자는 병이나 불의의 사고로 움직일 수 없는 경우가 아니면 천문대에 있어야 한다. 이것은 비가 오거나 눈이 오는 등 기상 악화로 관측을 할 수 없는 경우도 마찬가지다. 실제로 내가 소백산 천문대에 관측을 다닐 때 역시 반 이상이 흐린 날이었고, 비가 오거나 눈이 오는 날도 적지 않았다. 우리나라에서 지난 100년간 맑은 날이 가장 많은 곳에 건설된 보현산천문대도 소백산과 크게 다르지 않아 관측을 할 수 없는 때가 많았다. 딸은 내가 관측만 가면 비가 온다고 나를 비운의 천문학자라고 했으며, 초등학교 때는 소풍 계획이 있으면 언제 보현산천문대에 가는지 묻기도 했다.

비행기가 뜨지 않으면 차를 빌려 운전해서 가야 하는데 다행히 이륙할 수 있었다. 승객이 10명 남짓 탈 수 있는 소형 프로펠러 비행기였다. 탑승을 준비하는 사람들을 둘러보니 승객은 마흔쯤 되어 보이는 신사와 그의 아들, 혼자 가는 한 분 그리고 나 이렇게 넷이었다. 비행기 탑승 후 문을 닫았지만 바람이 술술 들어왔다. 나는 문 가까이 앉았는데 문틈 사이로 땅바닥이 보였다.

출발 시간이 되자 비행기는 순조롭게 이륙하여 고도를 잡고 북쪽을 향했다. 비행시간이 한 시간 정도라고 했는데 아주 높이 날지는 않았다. 속도가 빠른 것 같지 않으니 시간이 더 걸릴지도 모르겠다. 얼마 지나지 않아 기체가 심하게 흔들렸다. 단순히 앞뒤 좌우로 흔들리는 게 아니라 때때로 툭 떨어지기도 했다. 비행기 안이 조용해졌다. 특히 가족으로 보이는 두 명이 무언가 이야기를 하고 있었는데 잠잠해진다. 나도 좀 긴장되었다. 그렇다고 무슨 방법이 있는 것도 아니니 조용히 몸 상태나 최고로 유지해야겠다는 생각으로 참선을 했다. 어떤 일이 벌어지든 내가 헤쳐 나가야 한다면 컨디션이 좋아야 하기 때문이다. 그나마 다행인 것은 항로에 산은 거의 보이지 않고 대부분이 초원이었다. 비행기 고도도 높지 않으니 불시착도 어렵지 않을 것이다.

한 시간 정도를 비행하여 쿠나바라브란공항에 왔으나 착륙이 불가능한 상태였다. 지난 주 홍수의 여파가 활주로에 고스란히 남아 있었기 때문이다. 조금 남쪽에 있는 다른 공항으로 갔는데 이곳 역시 활주로에 황토가 그대로 있었다. 비도 좀 오는 상태였다. 비행기는 몇 번 선회하더니 곧 방향을 잡고 착륙을 시도했다. 이곳에 내리지 못하면 시드니로 돌아가야 하니 최선을 다하는 것이다. 승객들을 보니 얼굴이 사색이다. 아마 이런 경험은 처음이었나 보다. 다행히 무사히 착륙했다. 대합실에서 조종사에게 이것이 당신이 겪은 최악의 비행이냐고 묻자, 두 번째로 나쁜 경우라고 답했다. 그래서 최악의 상황은 어떠했는지 물으니 착륙하다가 비행기 날개 한쪽이 부러졌다고 했다. 이날 우리가 착륙한 활주로 한편에도 날개 한쪽이 부러진 채 처박힌 비행기가 있었다.

날씨와 천문학자

사이딩스프링천문대에 연락하여 착륙한 곳을 말했더니 데리러 오겠다고 한다. 베셀 교수가 차를 몰고 왔는데 그는 천체분광학 전문가다. 한 시간 정도 빗물이 넘치는 도로를 지나 천문대에 도착했다. 짐을 풀고 저녁 시간이 되어 식당에 가니 몇 사람이 인사하는데 캐넌Russel D. Canon, 길모어Gerard Gilmore 등이 있었다. 캐넌은 이시우 교수님의 지도 교수였다. 내가 한국에서 온 것을 알고 이시우 교수님 소식을 물었다. 내 은사님의 스승이지만 연배는 두 분이 그렇게 많이 차이가 나는 것 같지는 않았다. 길모어는 영국의 천문학자로 우리은하의 구조 연구에 큰 업적을 낸 사람으로, 나는 논문을 통해 그의 연구를 알고 있었다.

저녁 식사 후 1미터 망원경 돔으로 갔다. 이 망원경의 구동은 소백산천문대의 망원경같이 조정 페달을 들고 페달에 있는 버튼을 눌러서 망원경을 움직여 별을 찾는 방식이다. 이때가 관측이 자동화로 넘어가는 과도기여서 구경이 작은 망원경은 아직 과거 방법을 그대로 쓰고 있었다. 나에게는 익숙하여 오히려 편했다.

두어 시간 슬릿을 열고 산개성단을 하나 관측했으나 구름이 오가는 상황이라 연구 자료로는 사용할 수 없는 수준이다. 그나마 자정을 넘기지 못하고 비가 올 듯해 슬릿을 닫고 돔 안에 대기했다. 결국 새벽까지 하늘이 호전되지 않아 숙소로 돌아가는데 그믐 부근이라 정말 캄캄했다. 발이 보이지 않을 정도였다. 천문대가 이곳에 있는 이유이기도 하다. 대도시인 시드니는 직선거리로 330킬로미터 이상 떨어져 있다. 가장 가까운 마을도 차로 30분은 가야 하며 인구가 1,000명 정도인 곳이다. 더구나 밤에는 하늘을 향해 어떠한 빛도 보내지 않으니 이렇게 컴컴한 상태가 가능한 것이다.

사이딩스프링천문대에서 나에게 배정한 관측일은 7일이었다. 오기도 힘들고, 상대적으로 수요가 적은 망원경이라 많은 시간을 받았다. 물론 모든 천문대가 이렇게 외국인에게 망원경을 개방하지는 않는다. 이곳이나 DAO처럼 일부 천문대는 천문학 발전을 위해 국적에 무관하게 관측 제안서를 받아 선별하여 시간을 배당한다. 이곳에는 구경 3.9미터 AAO망원경과 120센티미터 슈미트 망원경이 같이 있어 1미터 망원경의 수요가 많지 않아 일주일이나 시간을 배정받을 수 있었다.

문제는 날씨였다. 내가 온 다음 날 AAO망원경 시간을 6일 받은 필립이라는 연구자는, 영국에서 엄청나게 먼 거리를 왔으나 갈 때까지 계속 비가 오거나 날씨가 흐려 돔의 슬릿을 열어보지도 못하고 귀국해야 했다. 그는 나보다 열 살 정도는 더 나이가 들어 보였고, 장거리 여행이 쉽지 않았을 텐데 관측천문학자라면 누구나 겪는 일이라서 그런지 덤덤했다.

비가 계속 와 낮에 잠을 자지 않아도 되니 응접실 서가에 읽을 만한 책이 있나 살펴보았다. 눈에 띄는 책이 한 권 있다. 제목을 보니 비행기가 불시착하여 누군가 실종된 이야기임을 짐작할 수 있었다. 책을 읽고 나서 나도 만일의 경우를 대비해야겠다는 생각에, 돌아갈 때는 조종석 바로 뒤에 앉아 비행기를 어떻게 조작하는지 살펴보기로 했다. 물론 불가능하겠지만 무엇이든 알아두면 나쁘지 않을 것 같아서다.

결국 배정된 날이 모두 끝날 때까지 관측은 못 했고 시드니로 돌아가는 비행기에 올랐다. 영국에서 온 필립과 같은 비행기를 탔으며, 난 계획대로 조종석 바로 뒤에 앉았다. 천문대에 가까이 있는 쿠나바라브란공항에서 이륙하여 우리가 이곳에 올 때 착륙했던 공항에 가서 몇 명 더 태우고 시드니로 향했다. 덕분에 이륙과 착륙을 자세히 볼 수 있었다.

시드니로 가던 중 놀라운 일이 있었다. 비행기가 동그란 무지개로 들어가는 것이다. 아마 내가 뒷부분에 탔다면 비행기 옆에 난 창으로는 이런 무지개를 못 봤을 듯하다. 마침 내가 조종사 뒤에서 앞 창문으로 보고 있었기에 무지개로 들어가는 것을 실감 나게 느낄 수 있었다. 엄청난 경험이었다. 무지개가 떴더라도 지상에서는 공처럼 둥근 무지개는 볼 수 없다. 비행기의 고도가 너무 높아도 둥근 무지개를 볼 수 없을 것이다. 내가 조종법을 살펴보려는 마음으로 조종석 뒷자리에 앉았는데 이런 행운을 만났다. 영원히 잊지 못할 듯하다. 딸의 말처럼 비운의 천문학자라 관측은 못 했지만, 무지개로 들어가본 특별한 관측 여행이었다.

천문학의 메카 마우나케아

하와이섬에 있는 마우나케아산은 천문학의 메카다. 적어도 북반구 하늘에 대해서는 그렇다. 구경 10미터 켁망원경, 구경 8.4미터 스바루망원경, 구경 8미터 제미니망원경 등이 있고, 이들보다 작은 구경 3.6미터의 CFHT가 있다. 나는 CFHT 관측 시간을 하루 배정받아 마우나케아산을 방문한 것이다. 코나공항에서 차를 빌려 마우나케아 정상으로 가는 길목에 자리한 관측자 숙소로 향했다. 이 숙소는 돌집Hale Pohaku이라 불리는데 2,800미터 고도에 있다. 관측자는 누구나 이곳에서 하룻밤 이상 머물러 높은 고도에 적응한 뒤 정상으로 올라가 관측하게 되어 있다.

한적한 도로를 달리는데 주위의 풍광이 예사롭지 않다. 저 멀리 무지개가 산에 걸려 있다. 도로에 차가 거의 없어 느긋하게 달렸다. 돌집을 지나가지 않으려고 주의하며 산길을 올랐으나 결국 지나쳐버렸다. 돌집은 진입도로로 들어가야 보이는데 그런 정보를 자세히 조사하지 않아 결국 정상까지 올라가버린 것이다. 조금 이상하긴 했다. 길의 중간까지는 포장이 잘되어 있었는데 어느 순간부터 비포장도로로 바뀌었기 때문이다. 정상에 오르니 길이 편평해지고 저 멀리 망원경 돔들이 보인다. 이곳 고도가 4,200미터이니 보통 사람은 이렇게 오르면 고산병이 오기 쉽다. 돔을 한번 둘러볼까도 생각했으나 그러다가 고산병이 오면 문제고, 자칫 시간이 지체되면 저녁 시간에 늦어질 수 있어 바로 차를 돌려 내려갔다.

빈자리에 주차하고 사무실에 가서 용무를 말하니 숙소를 정해주고 방의 비밀번호를 알려준다. 짐을 풀어놓고 다시 오라는 것이다. 저녁도 먹어야 하고 다음 날 관측하러 갈 때 이곳의 차를 운전해야 하니 기름을 넣는 법, 사륜구동차 운전하는 법 등을 안내하겠다고 했다. 숙소는 상당히 아늑했다. 샤워실이 딸린 화장실이 있어 호텔의 작은 방과 비슷했다. 책상도 하나 있었으나 간단한 것이 아니면 이곳에서 작업을 하진 않을 듯하다.

사무실이 있는 건물로 가니 사람들이 담소하고 있었다. 이곳은 마우나케아 정상에 있는 망원경을 이용하는 관측자들이 공동으로 쓰는 숙소이니 항상 적지 않은 사람이 드나든다. 홀 한쪽에는 국기들이 천장 가까이 설치된 줄에 걸려 있었다. 이곳에 망원경이 있는 나라의 국기다. 미국, 영국, 프랑스, 캐나다, 일본의 국기가 보이고 대만의 국기로 짐작되는 것도 있었다. 우리나라 국기가 없어서 아쉬웠지만, 언젠가 이곳에 걸리겠지 하는 희망을 품었다(우리나라, 중국, 일본, 대만이 2015년부터 마우나케아 정상의 JCMT를 운영하는 동아시아천문대를 결성하게 되면서 돌집에 태극기도 걸리게 되었다).

식사 후 숙소로 돌아가 잠을 청했다. 휴식을 취하는 것이 좋겠다는 생각에서다. 이곳도 고도가 3,000미터에 가까우니 피곤하면 고산병이 올 수 있었다. 나는 수년 전 히말라야 안나푸르나 베이스캠프 트레킹 때 고도 4,200미터를 경험했고, 무리하지 않는 한 고산병이 오지 않는다는 것을 알았지만 모르는 일이다. 간혹 사람에 따라서는 하루 이틀 이곳에서 쉬어도 고산병 때문에 관측을 못 하는 경우가 있다는 이야기를 들었다. 그래서 마우나케아에 관측하러 올 때는 계획을 아주 구체적으로 세워야 하고, 문제가 생겼을 때의 준비도 해야 한다. 4,200미터 고도에서는 복잡한 생각을 하기가 어렵기 때문이다.

다음 날 낮에는 돌집에서 쉬며 관측 계획을 점검하고, 책도 읽고, 주변 사람들과 이야기하며 시간을 보냈다. 저녁이 다가오자 이른 식사를 하고, 자동차 키를 받아 바로 위에 있는 주유소에서 기름을 넣고 정상으로 올라갔다. 이곳에서 사용하는 사륜구동차는 탱크를 방불케 하는 육중한 모습이었다. 겨울에 눈이 와도 정상을 오르내릴 수 있어야 하니 이렇게 힘이 있고, 바퀴도 큰 차를 운용하는 것이다. 전부 수동이라 조작이 단순하고 고장이 날 수 없는 구조다.

천천히 차를 몰아 정상으로 올라가 CFHT 돔 부근에 주차한 뒤 안으로 들어갔다. 관측 조수가 미리 준비하고 있었다. 이 정도 규모의 망원경이면 관측자가 직접 조작하지 않는다. 조수가 관측자의 요구대로 망원경을 움직이고, 측광 장치 등 관측 장비의 장착 및 탈착을 수행한다. 소백산천문대처럼 작은 망원경은 관측자가 모든 것을 하지만 보현산천문대만 하더라도 기기의 장착과 탈착은 관측을 돕는 천문대 직원이 하고, 망원경의 조작은 컴퓨터 인터페이스를 이용해 관측자가 직접 한다. 그러나 이곳처럼 여러 나라의 사람들이 공동으로 사용하는 망원경의 경우 조작 미숙으로 일어나는 사고를 방지하기 위해 대부분 작업을 관측 조수가 하게 되어 있다.

나를 도울 관측 조수는 그렇게 크지 않은 체구에 다부진 사람이었다. 서로 인사를 하고 관측 대상 목록과 순서, 노출 시간 등이 적혀 있는 노트를 전했다. 날이 어두워지고 필요한 예비 관측을 마친 후 본 관측을 두 시간 정도 했는데 갑자기 망원경에 문제가 생겼다. 관측 조수가 해결해볼 테니 좀 기다리라고 했다. 몇 시간을 기다려도 결국 해결되지 않았는데 이 친구 이야기로는 처음 접하는 문제라고 한다. 이곳이 늘 그렇듯이 날씨는 좋았다. 그런데 망원경이 문제를 일으킨 것이다. 나는, 딸 말대로 비운의 천문학자인가 보다. 1년에 한두 번도 생기지 않는 문제가 발생하여 관측을 중간에 멈추어야 하다니.

관측 날짜가 하루밖에 주어지지 않아 낮에 기술자들이 와서 고치더라도 나는 더 이상 망원경을 사용할 수 없다. 시간 배정은 적어도 6개월 전에 이루어지고, 미루거나 바꿀 수 없다. 이곳에 관측을 오려면 경비도 적지 않게 드는데 이번에는 아무런 소득 없이 돌아가야 했다. 이는 누구에게나 마찬가지여서 천문학자들은 이러한 일에 익숙하다. 이제 다음을 기약할 수밖에 없었다.

새벽에 숙소로 내려와 산 아래 CFHT 본부 건물로 갔다. 이곳에 한국천문연구원의 김호일 박사가 파견 나와 있기 때문이다. 그런데 여기서 의외의 사람을 만났고, 의외의 현상이 관심을 끌었다. 우연히 만난 사람은 매팅 Pierre Mating이라는 캐나다 천문학자였다. 내가 캐나다에 있을 때 그의 지도 교수와 같이 빅토리아에서 있었던 CFHT 사용자 회의에서 처음 보았고, 1995년 미국 앨라배마 막

226

대은하 회의에서도 만났다. 그는 학위 후 이곳에서 거주 천문학자로 일하고 있었다.

매팅과 이야기하는데 벽에 걸린 사진이 눈에 들어왔다. 이곳에서 찍은 천체 사진으로 달력을 만들었는데 측면 방향으로 보이는 나선은하의 사진이었다. 이 사진은 두 가지 점에서 관심을 끌었다. 한 가지는 나선은하의 원반 끝부분이 휘어져 있다는 것이고, 다른 한 가지는 원반 위 가까운 곳에 이 은하의 위성은하로 짐작되는 작은 은하가 있고, 이 은하의 존재가 원반이 휘어진 것과 무관해 보이지 않았다는 점이다. 나는 이를 좀 더 생각할 요량으로 달력을 구입해 연구실에 걸어두고 틈틈이 보며 원반이 휘어지는 원인을 궁구했다.

다음 해에 마우나케아에 다시 갔다. 이번에도 하루를 배정받아 관측할 수 있었기 때문이다. 지난번 같은 실수를 하지 않고 바로 돌집으로 가서 등록하고 숙소로 갔다. 다음 날 낮에는 푹 쉬고 저녁 식사 후 늦지 않게 정상에 도착하여 여러 돔을 둘러보고 CFHT 돔으로 들어갔다. 밤새 관측했는데 망원경에 아무런 문제도 생기지 않았다. 사실 이것이 정상이다.

이번에 관측한 것은 작년에 기기 고장으로 관측에 실패한 산개성단들이었다. 다행히 날씨가 좋았고, 문제없이 계획한 관측을 모두 할 수 있었다. 산개성단은 내가 은하 연구 외에 수행한 대표적인 관측 대상으로, 내 학생이었던 강용우와 이상현은 산개성단을 관측하여 박사 학위 논문의 기본 자료로 삼았다. 강용우는 보현산천문대에서 직접 관측한 산개성단과 내가 1997년 DAO를 방문하여 관측한 산개성단을 분석했고, 이상현은 보현산천문대에서 직접 관측한 것과 내가 CFHT를 방문하여 관측한 자료를 분석했다.

밤새 관측하고 나니 꽤 피곤했다. 고산 증세도 조금 나타났다. 비록 낮에 많이 쉬었다곤 하나 12시간 이상을 돔에서 관측했더니 피로가 누적되어 고산병이 온 모양이었다. 그래도 비틀거리거나 구토할 정도는 아니었고, 조금 어지러워서 호흡을 가다듬고 밖으로 나와 하산을 준비했다. 이곳은 고도가 높아서 주위에 구름이 없지만 3,000미터 아래로는 엷게 구름이 덮여 있었다. 이게 바로 마우나케아와 같이 높은 곳에서 관측하는 이유다. 하산길은 해 때문에 눈이 부셨다. 굽이치는 길을 따르다 간혹 태양 쪽을 보면 선글라스가 없이 눈을 뜰 수 없을 정도로 햇빛이 강렬했다. 무사히 돌집까지 가 간단히 밥을 먹고 마을로 내려갔다.

지난해에는 관측 후 바로 호놀룰루로 나가는 여정이었는데 이번에는 이 섬을 좀 둘러보기로 했다. 그다지 크지 않아 하루면 충분히 둘러볼 수 있을 것 같았다. 사전에 어디 갈 것인지도 생각하고 왔다. 우선 용암이 계속 분출되는 활화산인 마우나로아를 보고 싶었고, 넓은 지역에서 용암이 간헐적으로 분출되는 킬라우에아 화산 공원도 방문하고 싶었다. 시간이 되면 와이피오 계곡도 가려고 한다. 내가 주변에 마우나케아에 관측하러 간다고 말하니 와이피오 계곡을 꼭 보고 오라고 권한 친구가 있었다. 그는 계곡에 반해 눌러앉고 싶었다고 했다. 나도 이곳을 방문한 친구처럼 그냥 그곳에 머무르고 싶은 마음이 들까?

CFHT 본부가 있는 마을을 빠져나와 우선 간 곳은 마우나로아 화산이다. 입구에 들어서니 구멍이 숭숭 뚫린 화산암으로 된 돌담이 있었는데 제주도의 것과 흡사했다. 큰 차이점은 인적을 볼 수 없을 정도로 마을이 작고, 용암이 식은 잔해가 마치 흐를 때를 보여주듯 생생하다는 점이다. 길을 따라 위로 올라갈수록 유황 냄새가 더 진하게 났다. 분화구까지 가보고 싶었지만 그렇게 하면 다른 곳은 한 군데도 갈 수 없을 것 같아 포기하고 내려왔다.

화산 분출물이나 용암이 식은 것을 처음 본 건 아니다. 한라산이나 백두산은 차치하고서도 DAO에서 팔로마천문대로 가는 길에 오리건주 성헬레나산의 화산 폭발 현장을 직면했다. 화산 폭발은 1980년 5월에 있었는데 내가 갔을 때 화산재가 그대로 남아 있었다. 그 외에 폭발 시기는 모르지만 그렇게 오래된 것 같지 않은, 스페인 카나리아 군도 라팔마섬의 화산재와 용암 흔적도 본 적이 있다. 그럼에도 마우나로아는 특별했다. 바로 가까이 보아서 더 특별하게 느껴졌는지 모르겠지만 용암이 흐르는 장면이 쉽게 연상되었다.

마우나로아와 마우나케아 사이에 동서로 난 길을 따라 동쪽으로 가면 끝에 힐로라는 마을이 있고, 이곳에 공항도 있다. 내가 이용한 코나공항은 힐로의 반대 방향이었다. 코나가 힐로보다는 마우나케아천문대에 가까워 코나공항을 이용한 것이다. 힐로에서 해안을 따라 북쪽으로 한 시간쯤 올라가면 와이피오 계곡을 볼 수 있는 전망대가 나온다. 대부분 여기서 멈추겠지만 나는 계곡 안으로 차를 몰고 들어갔다. 길이 험해 조심해서 내려갔다. 곧 이런 문구가 나왔다. '앞으로 갈 수 있다. 그러나 네 생명을 지키는 것은 네 몫이다.' 경고 표지판을 지나 계곡에 가 점심을 먹고, 휴식을 취한 후 올라왔다.

와이피오 계곡 입구에서 본 경고 문구는 우리나라와 접근 방법이 달라 부러웠다. 설악산에 있는 용아장성의 경우 국립공원 관리 체제로 들어간 후 무조건 등산을 막는다. 일부 구간의 식생 복원을 위해 휴지기를 가지는 것은 충분히 이해가 가지만, 단순히 위험하다고 입산을 금지하는 데는 동의하기 어렵다. 사실 암벽 등반을 조금만 배운 사람이면 그렇게 위험한 곳은 아니다. 적어도 서울 근교 북한산에 있는 인수봉이나 도봉산에 있는 선인봉의 암벽 코스에 비하면 한결 쉽다. 일행 중에 암벽을 탈 수 있는 사람이 있으면, 기본자세를 배우고 자일 사리는 법 등을 연습하는 것으로 오를 수 있다. 그런데 위험하다고 등산로를 폐쇄하는 일은 지나치다는 생각이다.

마우나케아로의 세 번째 여행은 이루어지지 않았다. CFHT의 운영 방법이 바뀌었기 때문이다. CCD 영상을 얻기 위한 관측의 경우에는 관측자가 관측 방법을 자세히 기술한 문서를 보내면, 그곳에 상주하는 전문가가 대신 관측하여 제안자에게 결과를 보내기로 한 것이다. CFHT에서도 산에 올라가지 않고 아래에 있는 사무실에서 원격으로 관측한다고 했다. 이런 방법은 시간을 최대한 효율적으로 사용한다는 장점이 있고, 여행에 드는 비용을 절약할 수 있다. 물론 복잡한 기기를 사용하는 경우라면 이러한 서비스 관측이 아닌, 제안자가 천문대에 가서 직접 관측해야 한다. 허블우주망원경과 같은 우주 상공에 있는 망원경은 모두 이러한 서비스 관측으로 이루어지니 이를 지상에 도입한 것이다. 천문학자는 무엇을 어떻게 관측할지 생각하면 되고, 그가 고안한 방법을 실현하는 것은 천문대에서 고용한 전문가가 하는 것이다.

M106 위성은하 탐사

내가 CFHT 천문대에서 계획했던 마지막 연구는 나선은하 M106에서 위성은하를 찾는 것이었다. 내가 위성은하에 관심을 가지게 된 것은 이른바 사라진 위성은하 문제가 현대 천문학의 중요한 이슈 중 하나임을 알게 되어서다. 은하 생성을 다루는 수치 모형에서 예측되는 위성은하의 수와 관측된 위성은하의 수가 너무 큰 차이가 나는 것이다. 이 문제를 앨라배마 회의에서 독일 막스플랑크연구소의 카우프만Guinevere Kauffmann에게 질문한 적이 있다. 카우프만은 수치 모형에서 위성은하를 어떻게 정의하느냐에 따라 달라져 똑 부러지게 말하기가 어렵다고 했다. 그는 이 분야에 가장 정통한 사람이라 카우프만의 답변을 들으며 위성은하 문제를 모형에 의존하는 것은 한계가 있다는 생각이 들었다. 그러던 중 SDSS 관측 자료가 쏟아지며 우리은하와 안드로메다은하의 위성은하가 두 배 이상 늘었고, 다른 나선은하는 어떤지 궁금해졌다.

위성은하는 대부분 왜소은하라 광도가 낮아 관측이 어렵다. 이 때문에 가능하면 가까이 있는 나선은하를 택하는 것이 좋겠으나 너무 가까이 있으면 관측해야 할 영역이 넓어져 많은 관측 시간이 필요하다. 내가 CFHT를 사용할 수 있는 시간이 최대 하루 정도였기 때문에 이를 고려하여 관측 계획을 짜야 했다.

하루에 원하는 영역을 모두 관측하기 위해서 내가 택한 은하는 7.0메가파섹 떨어져 있는 M106이었다. 이 정도 거리면 위성은하가 주로 있는 영역이 하늘에서 2° × 2°에 해당하여 하룻밤에 관측을 마무리할 수 있다. 이 은하는 우리은하와 안드로메다은하를 제외하면 '바람개비은하'라 불리는 M101과 함께 M81 다음으로 가까이 있는 은하다. 큰 차이는 없지만 M101은 거리가 6.4메가파섹으로 M106보다는 가까우나 은하가 거의 정면으로 보여, 다소 기울어져 있는 M106보다 위성은하를 가릴 가능성이 크다.

또한 M106은 석사 학위 논문을 위해 소백산천문대에서 관측한 은하 중의 하나라 이왕이면 인연이 있는 은하를 택했다. M81의 경우 거리가 3.6메가파섹으로, M106 거리의 반에 불과해 은하 중심으로부터 같은 거리를 탐사하기 위해서는 관측해야 할 면적이 네 배로 넓어져 시간이 네 배 더 든다. 그러나 M81이 가깝기 때문에 더 흐린 위성은하의 관측이 가능하여 시간만 충분히 확보할 수 있으면 M81을 관측하는 것이 더 좋다.

실제로 같은 기간에 CFHT에 접수된 관측 제안서 중 나처럼 나선은하의 위성은하를 탐사하려는 것이 있었고, 그 대상이 M81이었다. 이 제안서를 낸 사람은 하와이대학의 툴리Brent Tully였다. 하와이대학은 CFHT를 운영하는 기관 중의 한곳이니 툴리는 열흘 가까운 관측 시간을 배당받아 8°×8°의 영역을 관측했다. 나는 위성은하가 발견될 가능성이 높은 영역만 관측했고, 그는 각거리로 네 배 더 먼 곳까지 관측하여 모든 위성은하를 관측하려 한 것이다.

툴리가 2009년에 발표한 M81의 위성은하 논문을 보면 이 관측으로 그는 22개의 위성은하 후보를 발견했다. 이는 내가 M106에서 찾은 위성은하 후보 20개보다 많으며 M106의 위성은하 후보 중 반은 이미 어떤 형태로든 존재가 알려진 은하였지만, 툴리가 찾은 22개의 위성은하 후보 중에는 3개만 기존에 알려진 것이었다. 이러한 차이는 은하의 특성에 기인하기보다는 탐사의 폭과 깊이가 달라 생긴 결과다. 아마 M106도 구경이 더 큰 망원경으로 관측하면 이번에 놓친 흐린 은하들도 관측될 것이다.

나와 툴리가 나선은하의 위성은하를 탐사하는 관측 제안서를 같은 시기에 내게 된 것은 이유가 있다. 위성은하를 찾기 위해서는 은하 주변의 넓은 영역을 관측해야 하는데 CCD의 시야가 보통 수 각분에 불과해 1°×1° 영역을 관측하기 위해서도 많은 시간이 필요하다. 다행히 2002년 CFHT천문대에서 시야가 1°×1°인 모자이크 CCD 메가캠을 개발해 과거에는 어려웠던 넓은 면적을 탐사하는 관측이 가능해졌다. 메가캠은 2,048×4,612픽셀을 가지는 CCD 40개를 배열하여 만든 모자이크 CCD로, 넓은 영역을 탐사하는 데 특화된 관측 장비다. 마침 2002년 10월부터 메가캠을 사용할 수 있게 되어 M106의 위성은하 탐사 관측 제안서를 낼 수 있었다.

　　나와 같은 시기에 나선은하의 위성은하 탐사 제안서를 낸 툴리는 유명한 천문학자다. 은하의 거리를 구하는 유력한 방법의 하나인 툴리-피셔 관계(은하의 광도와 방출선의 폭 사이의 관계. 부록 참고)를 발견한 바로 그 툴리다. 나와 같은 시기에 같은 내용의 관측 제안서를 낸 것도 흥미롭지만, 내가 시간을 확보할 수 없어 포기했던 M81을 관측한 것도 흥미롭다. 툴리의 소식을 알게 된 건 CFHT의 관측 일정을 보아서다. 이 시즌부터 CCD 측광 관측은 관측자에게 어느 특정한 날짜를 배정하지 않고, 천문대에 상주하는 관측 전문가가 제안서에서 요구하는 내용을 적절한 시간에 대신 관측하는 것으로 정책이 바뀌었다. 물론 관측한 자료는 자기테이프에 담아 제안자에게 보내준다. 이 때문에 관측 제안서가 승인된 사람들에게는 그 시즌에 할 모든 관측의 관측자, 대상, 목적 등을 보내 어떤 관측이 이루어지는지를 알 수 있게 했다.

　　이 제안서는 내가 준비했고, 이명균 교수와 천무영 박사가 공동 연구원으로 제출한 것이다. 이명균 교수가 공동 연구원에 포함된 것은 제안서를 제출하기 직전 우연히 이루어졌다. 나는 M106을 관측하려는 제안서를 준비한 상태로 제주도에서 개최된 우리나라의 대형망원경 사업에 관련된 워크숍에 참석했다. 제안서 제출 마지막 날이어서 회의 중 쉬는 시간에 낼 생각이었다. 그런데 워크숍에 참석한 CFHT천문대 대장인 베이에Christian Veillet가 마감이 다음 날이라고 해서 제안서를 밤에 좀 더 읽어본 뒤 제출하려고 미루었다.

마침 호텔 방을 이명균 교수와 같이 쓰게 되었는데, 그에게 내가 준비한 관측 제안서 내용을 이야기하고 같이 내자고 하여 그렇게 된 것이다. 덕분에 내가 나중에 이 자료를 처리하는 데 이명균 교수 학생들의 도움을 받을 수 있었다. 데이터가 워낙 방대해 혼자 전부 처리했으면 훨씬 더 시간이 걸렸을 것인데 여러 사람의 협업으로 연구를 마무리했다. 나중에 보니 툴리는 박사후연구원을 고용해 자료 처리를 시켰고, 우리보다 몇 년 빨리 논문이 출간되었다. 나는 눈으로 전 영역을 자세히 보며 위성은하를 찾았는데 대부분은 이명균 교수와 그의 학생들이 찾은 것이었다. 우리가 새롭게 찾은 위성은하는 대부분 왜소구형은하와 왜소불규칙은하였다.

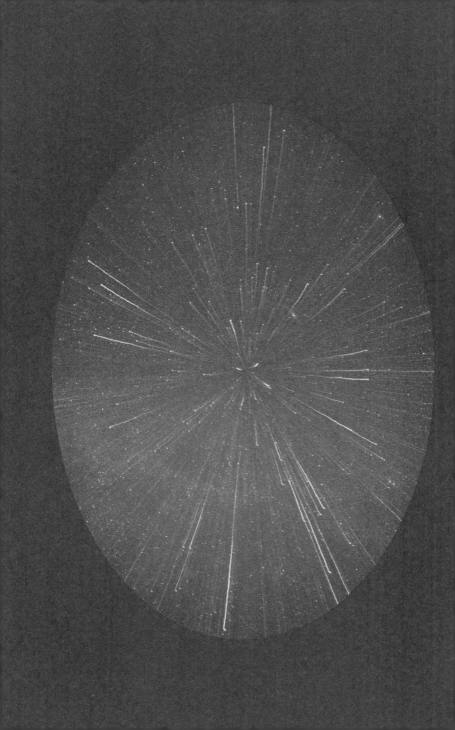

6부

은하의 역학

▲ 원반의 가스가 막대에 의해 진화하는 모습 (p. 243)
원반의 바깥 부분에는 나선팔이 발달하고, 중심부로 가스가 들어가 핵고리를 만든다.

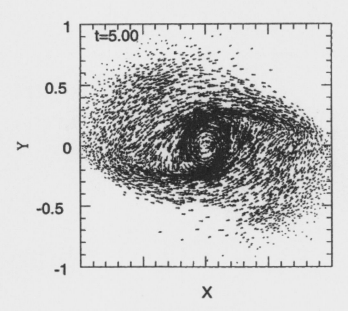

▲ 앨라배마 회의에서 발표한 모형 (p. 244)
내가 계산한 최초의 수치 모형 계산으로, 화살표는 가스의 흐름을 나타낸다.

▲ 핵나선팔을 가진 NGC 5383의 모습 (p. 247)

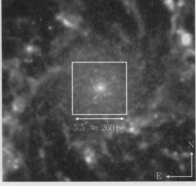

▲ 제임스웹우주망원경이 관측한 나선은하 M74의 중심부 모습 (p. 247)

▲NGC 4314의 핵고리, 핵나선팔 (p. 248)

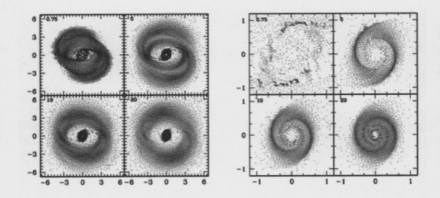

▲ **초대질량블랙홀이 있는 모형에서 만들어지는 핵나선팔** (p. 248)
왼쪽 상단의 숫자는 시간으로, 시간이 지날수록 핵나선팔이 발달하는 모습을 볼 수 있다.

▲ **ESO 510-G13** (p. 263)
바다뱀자리에 있는 1억 5,000만 광년 떨어진 은하다.

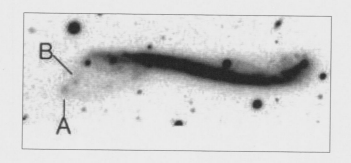

▲2004년 보현산천문대에서 관측한 PGC 20348 (p. 264)
A, B는 주변보다 밀도가 높은 곳을 나타내고 새로운 별이 생성된 것으로 추정된다.

▲제1회 한국천체물리워크숍 참가자 (p. 268)
맨 앞줄에 홍승수 교수님(왼쪽에서 세 번째)과 이상각 교수님(왼쪽에서 네 번째)이 보인다.

핵고리와 핵나선팔

막대은하의 수치 모형

내가 DAO에서 귀국한 시점에 국내에는 은하의 측광이나 분광 관측을 수행할 마땅한 시설이 없었다. 보현산천문대의 건설이 계획대로 1996년에 완공되더라도 몇 년의 시험 관측 기간이 필요해 수년 동안은 국내에서 관측에 기반한 은하 연구는 어려울 것으로 예상되었다. 그렇다고 손 놓고 있을 수도 없어 은하를 관측할 여건이 되기까지 망원경 없이도 연구가 가능한 주제를 찾아야 했고, 그래서 택한 것이 막대은하의 역학적 진화를 수치 모형으로 접근하는 일이었다. 수치 모형은 수학적 모델을 컴퓨터로 해석하거나 시뮬레이션하는 것으로, 은하의 역학적 진화처럼 해석학적인 해를 구할 수 없는 경우에 유용한 방법이다.

수치 모형 계산을 해보려는 생각이 우연히 든 건 아니다. 학위 논문을 마친 뒤 후속 연구로 막대은하의 역학적 진화를 살펴보고 싶었고, 이를 위해 DAO에 있을 때 CFHT천문대에 이와 관련한 제안서를 제출했으나 관측 성공 가능성이 낮다는 이유로 받아들여지지 않아 결국 모형 계산을 택했다. 특히 관심을 가진 것은 막대로 인해 은하 중심부로 들어온 가스에 의해 생성된다고 추정되는 핵고리였다. 핵고리는 지상의 망원경을 이용한 관측에서도 몇몇 은하에서 볼 수 있었고, 허블우주망원경으로 관측한 막대은하 영상에는 빈번하게 나타났다. 이 때문에 핵고리는 막대은하의 중요한 구조로 보였으며, 결국 수치 모형을 통해 이들의 생성 기작을 알아보기로 한 것이다.

수치 모형 계산에 문외한인 내가 엄두를 낼 수 있었던 것은 이론가인 이형목 교수와 강혜성 교수의 도움을 받을 수 있었기 때문이다. 내가 막대은하의 수치 모형에 관심이 있다는 것을 알았던 이형목 교수는 강혜성 교수가 호주의 모나한Joseph J. Monaghan 교수로부터 받은 SPHSmoothed Particle Hydrodynamics 코드를 나에게 소개해주었다. 이 코드는 내가 사용하기 전에 강혜성 교수의 지도로 권경희가 석사 학위 논문을 위해 먼저 사용했다. SPH 코드는 유체를 매끄러운 입자로 근사하여 계산하는데 이 분야를 개척한 이가 모나한이다. 나는 이 코드를 처음 접했지만 권경희가 코드의 사용법을 잘 정리해두어 접근하기가 수월했다. 다만 조금 아쉬운 것은 권경희가 석사 과정을 마친 후 학업을 그만두어 내가 직접 계산해야 했다는 점이다.

2년 정도 유체역학 수치 모형 계산에 매달려 어느 정도 성과가 있었고, 이를 1995년 미국 앨라배마대학에서 열린 막대은하 회의에서 발표했다. 이 회의는 국제천문연맹 행사 중 하나인 IAU 콜로키움으로 열렸고, 앨라배마대학의 부타Ronald Buta가 조직위원장이었다. 이 회의의 명칭이 막대은하라, 막대은하의 관측과 수치 모델링, 이론 등 막대은하를 연구하는 각 분야 학자가 대거 참가했다.

회의는 프리먼의 막대은하에 대한 과학적 개관으로 시작되었고 부타가 막대은하의 형태를, 데브라 엘머그린Debra Elmegreen이 막대은하의 특성을 해설하는 것으로 이어져 진행되었다. 부타는 막대은하의 고리에 대해 누구보다 정통하여 회의에서도 그를 '고리의 왕'이라고 불렀다. 데브라는 나보다 몇 년 앞서 남편 브루스 엘머그린Bruce Elmegreen과 함께 막대은하의 표면 측광을 수행했다. 아마 이 분야 최초의 연구였을 것이다. 그는 미국의 대표적인 여성 천문학자로서 2022년 부산에서 열린 국제천문연맹 총회 때는 IAU 회장이었다.

막대은하 회의에는 이들뿐 아니라 내가 DAO에 있을 때 만난 적이 있던 로이Jean R. Roy와 그의 제자인 매팅도 참가했다. 볼티모어 회의에서 만난 사람도 많았는데 보스마, 아타나소울라, 콤브, 페니거Daniel Pfenniger, 셀우드James Sellwood 등이 그들이다. 그리고 궤도 계산 대가인 그리스의 콘토풀로스George Contopoulos를 포함하여 막대은하를 연구하는 거의 모든 학자가 참석했다. 이때 만난 사람들은 은하 역학과 관련된 회의에서 대부분 다시 볼 수 있었다.

이곳에서 발표된 많은 연구가 흥미로웠지만, 스위스 제네바 그룹이 개발한 코드를 사용하여 막대은하의 영년 진화를 계산한 푹스Roger Fux가 특히 인상적이었다. 푹스의 발표가 끝난 후 가진 커피브레이크 때 내가 그의 코드를 사용할 수 있는지 물었다. 푹스는 내가 코드를 사용하는 데 문제가 없을 것이라고 하며, 돌아가서 그룹 사람들과 상의하여 결과를 알려주겠다고 했다. 귀국 후 편지를 받았는데 푹스의 코드가 첨부되어 있었다.

이렇게 받은 코드를 바로 사용하지는 않았고, 2001년 한국에서 개최된 제1회 천체물리워크숍에 푹스를 초대하여 그로부터 자세한 설명을 듣고 나서 쓰기 시작했다. 사실 그로부터 설명을 들은 사람은 내가 아니라 같은 과의 강혜성 교수였다. 수치 계산의 전문가인 강 교수가 먼저 코드를 이해한 후 우리 시스템에 맞게 사용해보고 나에게 설명해주었다.

푹스로서도 코드를 다루는 데 서툰 나에게 알려주는 것보다는 전문가인 강혜성 교수에게 설명하는 것이 편했을 것이다. 모든 일이 강혜성 교수의 호의 없이는 안 되었던 일이다. 강 교수는 내가 본격적으로 계산을 시작한 뒤에도 어려움을 겪으면 도움을 주었다. 아마 그가 없었으면 수치 모형 계산을 그렇게 원활하게 수행하지는 못했을 것이다. 참으로 고마운 일이다.

앨라배마 회의에서 만난 사람 중에 스페인의 베크먼John Beckman이 있었다. 그는 관측천문학자로 나보다 몇 살 많아 보였다. 휴식 시간에 커피를 마시는데, 다가와 중요한 제안을 했다. 스페인이 8미터급 망원경을 건설하려고 하는데 한국과 공동으로 하고 싶다는 것이다. 나는 망원경 건설을 주관할 기관에 전하겠다고 했고, 귀국해 한국천문연구원에 스페인 측 제안을 말했다. 그러나 천문연에서는 정부 지원이 어려울 것이라 생각해 공동 건설을 추진하지 않았다. 사실 이제 겨우 1.8미터 망원경을 가지게 되는 우리나라와 이미 4미터급 망원경을 운용하는 스페인은 비슷한 경제력과는 달리 천문학에 대한 정부 지원은 큰 차이가 있었다. 그 후 스페인은 계획을 수정하여 세계에서 가장 큰 구경 10.4미터 망원경을 건설했다.

앨라배마에 다녀온 후 보현산천문대가 건설되어 시험 관측에 들어가 자주 보현산을 찾았고 막대은하의 수치 계산도 열심히 했다. 이 덕분에 1997년 교토 IAU 총회 때 열린 심포지엄에서 계산 결과 일부를 발표할 수 있었다. 막대나선은하 NGC 5383에 대한 것인데, 이 은하는 앨라배마 회의에서 발표한 NGC 4314처럼 지상의 망원경으로도 핵에 있는 고리나 나선팔 모양을 볼 수 있다. 핵고리는 은하의 핵 주위에 있는 고리 모양의 구조이며 핵나선팔은 핵 주위에 나선팔 모양으로 보이는 구조를 말한다. 나는 이 은하의 핵구조를 분석하기 위해 보현산천문대 1.8미터 망원경으로 관측했고, 이에 기초해 NGC 5383의 수치 모형을 만들었다. 이때도 모나한의 SPH 코드를 사용했고, NGC 5383 핵 주변에 핵고리가 생기는 원인은 대략 알 수 있었다.

초대질량블랙홀의 가능성

막대은하의 역학이 흥미로운 것은 핵을 가로지르는 막대가 있어 구조의 변화를 일으키기 때문이다. 핵나선팔도 막대에 의해 생긴 구조 중 하나다. 그동안 핵고리 연구는 많이 이루어졌으나 핵나선팔의 연구는 드물어 핵나선팔이 생기는 원인이 분명하지 않았다. 다행히 내 계산에서 실마리를 찾을 수 있었다. 과거의 연구에서는 은하의 질량 모형에 초대질량블랙홀을 생각하지 않았으나, 이를 고려하면 적절한 조건에서는 핵나선팔이 형성된다는 것을 알 수 있었다. 이 결과는 중심부에 핵나선팔이 있는 은하는 중심부에 초대질량블랙홀이 있을 가능성을 암시해 흥미로웠다.

내가 핵나선팔에 관심을 가지게 된 배경은 지상망원경 관측에서는 NGC 4314가 핵고리를 가진 것으로 보였는데, 분해능이 좋은 허블우주망원경으로 관측한 사진에서는 NGC 4314 핵 주변의 구조가 나선팔 형태로 보여, 핵에서 나선팔이 어떻게 만들어질 수 있는지 궁금했기 때문이다. 그래서 관측으로 이 은하의 광도 분포를 구하고 이로부터 초대질량블랙홀을 포함하는 질량 모형을 만들어 수치 모형에 적용했다. 그 결과 핵고리가 먼저 생기고, 핵고리 안쪽으로 물질이 빨려 들어가는 양상이 나타나 관측에서 보인 현상을 설명할 수 있었다.

내가 수치 모형 계산에서 은하를 이루는 중요한 성분 중 하나로 가정한 초대질량블랙홀은 질량이 태양의 약 1억 배로 거대하다. 어느 정도 질량이 큰 은하라면 초대질량블랙홀을 모두 가지고 있을 것으로 추정한다. 은하의 질량이 클수록 초대질량블랙홀의 질량도 커지며, 우리은하의 중심부에도 태양질량의 400만 배에 달하는 초대질량블랙홀이 있다. 별의 진화에서 만들어지는 블랙홀의 질량은 아주 클 경우라도 태양질량의 수십 배에 불과하나 초대질량블랙홀은 작게는 태양질량의 수십만 배, 크게는 수십억 배에 달한다.

초대질량블랙홀과 퀘이사

퀘이사의 발견

초대질량블랙홀이 언급되었으니 이와 관련된 가장 흥미로운 천체를 소개하지 않을 수 없다. 바로 퀘이사quasi stellar radio sources('별처럼 보이는 전파원'이라는 뜻의 신조어)다. 그 이유는 초대질량블랙홀의 존재가 퀘이사에 의해 드러나기 때문이다. 은하의 중심에 질량이 큰 블랙홀이 있을 것이라는 예측은 1963년 슈미트가 퀘이사를 발견한 직후인 1964년, 소련의 젤도비치와 미국의 샐피터Edwin E. Salpeter에 의해 독립적으로 이루어졌다. 젤도비치는 벨라루스 태생의 소련 우주론자로 2014년 러시아에서 그의 탄생 100주년을 기념하는 우표를 발행할 정도로 많은 업적을 남겼다. 샐피터는 오스트리아 태생으로 호주에서 교육받고, 영국에서 물리학 박사 학위 후 미국에서 활동한 천문학자다.

두 사람의 특징은 다양한 분야에서 선구적인 일을 한 이론가란 점이다. 그들은 슈미트가 발견한 퀘이사의 막대한 에너지는 은하 중심에 엄청난 질량을 가지는 블랙홀이 있고, 블랙홀로 떨어지는 물질의 위치에너지가 빛에너지로 바뀌어 나오는 것이라고 설명했다. 이 과정에 블랙홀 주변에 부착 원반이 생기고, 부착 원반이 가열되어 X선을 포함하여 모든 전자기파를 방출하게 된다는 것이다. 영국의 린든 벨Donald Lynden-Bell은 1969년 초대질량블랙홀이 부착원반을 통해 에너지를 방출하는 기작을 더욱 구체적으로 설명하고, 퀘이사가 활동을 멈추면 은하의 핵으로 남는다고 설명했다.

퀘이사 발견은 우주배경복사의 발견과 함께 1960년대에 이루어진 가장 중요한 관측이다. 1950년대 전파천문학이 발전하면서 영국 케임브리지 그룹은 전파간섭계 관측으로 전파를 방출하는 천체의 목록을 만들었고, 이들이 만든 세 번째 목록에 슈미트가 최초로 발견한 퀘이사 3C 273이 올라 있다. 퀘이사의 이름 '3C 273'에서 3C는 케임브리지 목록의 세 번째를 나타내고, 숫자는 등재된 천체를 적경순으로 나열한 것이다.

샌디지는 1960년 3C 48의 스펙트럼을 관측했지만 이 천체의 스펙트럼에서 보이는 폭이 넓은 방출선의 정체를 알 수 없었다. 그는 다른 몇몇 유사한 천체도 폭이 넓은 방출선을 낸다는 것을 알았고, 측광 관측으로 이들 천체의 밝기가 변하며 보통 별에 비해 자외선 파장 영역에서 많은 에너지를 내는 것을 발견했다. 이들은 겉보기 모습이 별과 구별할 수 없을 정도로 유사하고, 비교적 강한 전파를 방출했다.

슈미트는 샌디지보다 좀 늦은 1962년 겨울에 팔로마천문대의 구경 5미터 망원경으로 3C 273의 스펙트럼을 관측했다. 그도 처음에는 폭이 넓은 방출선이 어떤 원자에 의한 것인지 알 수 없었으나, 푸른 파장으로 갈수록 방출선의 세기가 줄어들고 방출선 사이의 간격이 줄어드는 것을 보고 수소 원자의 스펙트럼임을 알 수 있었다. 스펙트럼 동정이 어려웠던 이유는 큰 적색이동으로 평소에 보던 수소 원자의 스펙트럼과는 완전히 다른 파장에서 관측되었기 때문이다. 예를 들면 486.1나노미터에서 흔히 보던 수소 원자의 H_β선이 563.2나노미터에서 관측된 것이다. 이로부터 적색이동값을 구하면 $z = 0.16$으로, 멀리 있는 은하에서나 관측되는 매우 큰 값이었다.

1963년 슈미트가 퀘이사의 큰 적색이동을 발표하자 이 적색이동의 원인을 두고 많은 논란이 있었다. 천체가 빠르게 멀어져 도플러효과로 적색이동이 커졌다는 것이 유력한 해석이었으나, 빛이 중력장이 아주 큰 천체를 빠져나오며 에너지를 잃어 파장이 길어졌다는 해석도 있었다. 후자의 경우를 중력 적색이동이라 부르는데 이렇게 큰 중력 적색이동을 보일 정도로 질량이 큰 별은 불안정하여 존재할 가능성이 낮다.

결국 천체가 빠르게 움직인 것이 큰 적색이동의 원인인데, 여기에는 두 가지 가능성이 있다. 우리은하의 별이 주변의 폭발 등 어떤 원인으로 에너지를 얻어 빠르게 은하를 벗어나고 있거나, 이 천체 자체가 아주 멀리 있어 우주의 팽창으로 빠르게 멀어지고 있는 경우다. 우리은하에서 폭발로 천체가 빠르게 멀어질 수는 있으나 이러한 현상이 우리은하에 국한된다고 생각하기는 어렵다. 다른 은하에서도 같은 현상이 일어난다면 오히려 우리은하로 접근하는 천체가 많아 적색이동보다는 큰 청색이동을 보이는 것이 많아야 하는데 그런 천체가 관측되지 않았다. 따라서 우리은하에서 일어난 폭발로 별이 빠른 속도로 우리은하를 벗어나고 있다는 설명도 설득력이 없다. 결국, 슈미트는 퀘이사의 적색이동이 우주의 팽창에 기인하는 것이고, 허블-르메트르 법칙으로 거리를 구하면 이들은 우주론적 거리에 있는 천체가 된다고 결론지었다.

그런데 문제는 3C 273이 우주론적 거리, 즉 수백 메가파섹 떨어져 있는 천체면 다른 문제가 생긴다. 3C 273의 겉보기등급과 적색이동에서 구한 거리를 이용하여 광도를 구하면 광도가 은하보다 훨씬 크기 때문이다. 3C 273의 사진을 보면 별처럼 보여 은하와는 비교도 되지 않게 작은 천체라는 것을 알 수 있는데, 어떻게 이렇게 작은 천체가 그렇게 막대한 에너지를 낼 수 있을까? 이 때문에 사람들은 퀘이사가 우주론적 거리에 있는 천체라는 것을 쉽게 받아들이지 못했지만, 결국 퀘이사의 에너지 문제는 블랙홀로 떨어지는 물질의 위치에너지로 해결되었다.

퀘이사가 방출하는 엄청난 에너지는 초대질량블랙홀의 부착원반에서 발생하는 것으로 설명이 가능하니 남은 문제는 초대질량블랙홀의 존재를 확인하는 일이었다. 이를 위해서는 높은 공간분해능으로 블랙홀 가까이서 움직이는 별의 운동을 관측해야 한다. 따라서 우리은하나 안드로메다은하, 안드로메다의 위성은하 M32 등이 우선적으로 관측되었다.

초대질량블랙홀의 관측

최초의 관측은 최고의 관측 장비를 갖춘 팔로마천문대에서 이루어졌다. 팔로마천문대의 턴리John L. Tonry는 1982년부터 1983년까지 수차례에 걸쳐 5미터 망원경에 이중 분광기를 달아 M32의 스펙트럼을 관측했다. 그는 핵 부근에서 별들의 회전속도가 급격하게 변하는 것을 보고 태양질량의 수백만 배에 달하는 초대질량블랙홀이 존재할 가능성이 있다고 발표했다. 이 발표 후 턴리 자신의 새로운 관측을 포함하여 많은 관측이 이루어져 M32에 초대질량블랙홀이 존재한다는 것을 확인할 수 있었다.

M32에서 초대질량블랙홀이 보고된 얼마 후 안드로메다은하에서도 초대질량블랙홀의 존재가 밝혀지고, 1995년에는 국부은하군 바깥에 있는 M106에서도 초대질량블랙홀이 관측되었다. M106의 관측은 다른 관측과 달리 전파망원경 초장기선간섭계로 메가메이저(메이저는 가시광의 레이저와 같은 원리로 강한 마이크로파를 발생시키는 천체인데 메가메이저는 일반 메이저보다 수천만 배 더 밝은 것을 말한다) 운동을 관측해 이 은하 중심에 태양질량의 3,000만 배 정도 되는 블랙홀이 있음을 알았다.

이후 비교적 멀리 있는 처녀자리은하단의 중심에 있는 M87에서도 초대질량블랙홀을 확인할 수 있었는데 놀랍게도 이 거대타원은하의 중심에 있는 블랙홀의 질량은 태양질량의 40억 배에 달했다. 이런 관측을 통해 초대질량블랙홀의 질량은 은하의 질량에 비례한다는 것을 알 수 있었고, 이로부터 은하의 생성이 초대질량블랙홀과 밀접한 관계가 있음을 알게 되었다. 거대타원은하처럼 큰 은하는 은하들의 병합으로 만들어졌다고 생각하는데, 병합과정에서 각 은하에 있는 초대질량블랙홀도 서로 병합하여 더 무거워졌을 것이다.

우리은하의 중심부에 초대질량블랙홀이 있을 것이라고 추론한 최초의 관측은 1977년 미국 버클리대학의 울먼Eric R. Wollman 등에 의해 이루어졌다. 이들은 전파원으로 알려진 Sgr A*(궁수자리 A*) 주변에 있는 가스를 보았다. 릭천문대의 3미터 망원경에 페브리-페로 분광기를 달아 NeII 원자의 12.8마이크로미터 방출선을 관측한 것이다. 이 방출선으로부터 가스가 -350km s^{-1}에서 250km s^{-1} 범위로 빠르게 운동하는 것을 알게 되었고, 이로부터 Sgr A* 주변 40각초 안에 400만 배의 태양질량이 있어야 한다는 것을 알 수 있었다. 이후 1980년대에 더욱 정교한 관측이 이루어졌으며, 비슷한 결론에 도달했으나 가스의 운동은 중력 이외에 여러 가지 다른 요인에 의해 영향을 받을 수 있다는 점 때문에 우리은하 중심부에 초대질량블랙홀이 있다는 결론을 내릴 수 없었다.

그러나 1990년대에 적외선 분광 관측으로 우리은하도 태양질량의 수백만 배에 달하는 초대질량블랙홀이 있다는 것을 확인하여 우리은하 역시 안드로메다은하와 마찬가지로 초대질량블랙홀을 가진 것이 분명해졌다. 2000년대에는 허블우주망원경이나 10미터 구경의 켁망원경을 이용해 우리은하 중심부 별들의 고유 운동을 관측하여 Sgr A* 자리에 태양질량의 400만 배 정도 되는 초대질량블랙홀이 있는 것을 알 수 있었다.

초대질량블랙홀 관측에서 획기적인 사건은 2019년 사건지평선망원경EHT(각 대륙의 전파망원경을 연결하여 기선이 지구 크기의 전파간섭계다)을 이용하여 M87의 블랙홀 주변을 도는 빛 고리와 그가운데 있는 블랙홀의 목구멍 영상을 관측한 것이다. 2022년 우리 은하에서도 블랙홀 목구멍 영상이 관측되어 초대질량블랙홀의 존재는 돌이킬 수 없는 사실이 되었다. 퀘이사의 에너지를 설명하기 위해 제안된 이들의 존재가 50여 년이 지난 후에 그 모습을 직접 드러낸 것이다.

초대질량블랙홀은 은하의 생성과 함께 만들어지는 것으로 생각되나 구체적으로 어떤 과정을 거치는지는 명확하지 않다. 은하가 형성되기 전, 우주 초기의 밀도가 높은 곳에서 바로 만들어진 뒤 이 주위에 은하가 생성될 수도 있고, 은하 규모로 먼저 중력에 의해 붕괴한 후 그 속에서 초대질량블랙홀이 만들어질 수도 있다.

사실 은하의 생성 자체도 아직 모르는 부분이 많다. 그러나 은하의 탄생에 암흑물질이 결정적인 역할을 한다는 것은 분명하다. 암흑물질이 보통 물질보다 훨씬 많기 때문에 암흑물질이 다량 모인 곳으로 보통 물질이 모이게 되고, 암흑물질의 질량 분포 중심 방향으로 수축이 일어난다. 이때 수축하는 원시 구름이 각운동량을 가진 상태면 수축이 진행되며 원반을 만들게 되고(대부분의 원시 구름은 주변에 있는 은하와의 상호작용으로 각운동량을 얻게 되고, 이러한 구름에서 만들어지는 은하는 원반을 가지게 된다), 각운동량이 없었던 원시 구름은 구 대칭 모양으로 수축이 일어난다. 이렇게 최초의 원시 구름이 수축하는 과정에 중심부 밀도가 큰 곳은 수축이 더 빨리 일어나 성단 등을 형성하며, 이렇게 이루어진 성단은 더욱 수축하여 블랙홀의 씨앗을 만들게 된다. 이러한 블랙홀의 씨앗이 생성되기 위해서는 원시 구름의 질량이 충분히 커서 중심부 밀도가 주변보다 무척 높아 격렬한 수축이 가능해야 한다.

블랙홀이 만들어지면 그 주변에 블랙홀로 끌려온 물질에 의해 부착 원반이 생기고 부착 원반에 계속 물질이 들어가 몸집을 키우게 된다. 퀘이사가 만들어지는 것도 이런 과정과 무관하지 않다. 블랙홀 주변에 있던 물질이 모두 블랙홀로 들어가게 되면 퀘이사는 더 이상 빛을 내지 않아 죽은 퀘이사가 되고 초대질량블랙홀만 은하의 중심에 남는다. 은하에 가스가 풍부하여 별 생성이 왕성한 시기에는 블랙홀로 끌려가는 가스도 많아 퀘이사에서 많은 빛이 나오고, 가스를 다 소모하여 은하에서 별 생성이 끝나는 시점에는 은하핵의 활동도 사라진다. 즉, 우리은하의 핵에 있는 초대질량블랙홀과 같이 잠자는 블랙홀이 되는 것이다.

퀘이사는 우주에서 가장 많은 에너지를 내는 천체다. 이 막대한 퀘이사의 에너지가 스스로는 빛을 내지 않는 블랙홀에 의한 것이라는 점은 사뭇 흥미롭다. 퀘이사 외에도 초대질량블랙홀에 의해 핵에서 많은 에너지가 방출되는 천체를 활동은하핵이라 한다.

최초의 활동은하핵 발견은 퀘이사가 발견되기 훨씬 전인 1909년 릭천문대의 패스Edward A. Fath에 의해 이루어졌다. 패스는 천체분광기를 제작하여 릭천문대의 91센티미터 크로슬리 반사망원경으로 그 당시 나선성운이라 부르던 천체들의 스펙트럼을 관측했다. 패스의 NGC 1068 스펙트럼에서 관측된 넓은 방출선은 1917년 로웰천문대의 슬리퍼에 의해 확인되었고, 1918년 릭천문대의 커티스에 의한 M87의 제트 관측으로 이어졌다. 이는 1943년 세이퍼트Carl K. Seyfert에 의해 중심부가 특별히 밝고, 넓은 방출선을 내는 은하의 관측으로 연결되며 활동은하핵 연구가 시작되었다. 그러나 활동은하핵의 본격적인 관측은 1950년대 전파망원경이 우주를 보는 새로운 눈으로 활동하면서다. 그 결과 1963년 퀘이사를 발견했고 활동은하핵이 천문학 연구의 중요한 부분이 되었다.

그라마두 회의

핵나선팔 계산이 어느 정도 마무리되었을 때 초대질량블랙홀과 성간물질의 상호작용에 대한 IAU 심포지엄이 2004년 3월 브라질 그라마두에서 열렸다. 그라마두는 브라질 남부 지역에 있는 작은 도시로, 포르투알레그리공항에서 버스로 두 시간쯤 북쪽으로 가면 도착한다. 이곳은 우리나라와 시차가 12시간 나는 곳으로 지구상의 대척점에 있다. 이 때문에 유럽을 거쳐 대서양을 지나서 가나 태평양을 지나 미국을 거쳐 가나 비행시간이 27시간으로 우리나라에서 갈 수 있는 가장 먼 곳이다. 나는 일본 나리타공항으로 가서 JAL기를 타고 포르투 알레그리로 가는 길을 택했다.

그라마두 회의에는 익숙한 얼굴이 많았다. 블랙홀과 성간물질의 상호작용은 결국 역학적 상호작용을 의미하므로 은하 역학을 하는 학자들이 대거 참석했기 때문이다. 내 연구는 막대은하에서 핵으로 유입되는 가스에 대한 은하의 질량과 블랙홀의 영향을 다룬 것이어서 많은 사람과 의견을 나눌 수 있었다. 와다Keiich Wada 는 아무도 하지 못한 방대한 계산을 하고 있었고, 이번에 결과를 일부 발표하여 기립 박수를 받았다. 학회란 이렇다. 아직 학술지에 발표되지 않은 연구 내용을 미리 접할 수 있고, 서로 경쟁하면서 격려하는 장이다. 나는 와다를 그의 논문을 통해 알고 있었고, 수치 모형을 다루는 데 그 논문이 큰 도움이 되었다. 와다가 수행하고 있는 계산은 초대질량블랙홀에 의해 유입된 성간물질이 어떠한 운동을 하며 그 속에서 만들어진 일산화탄소(CO) 분자선이 어떻게 관측될지를 예측하는 것이었다. 이러한 분자선은 그 당시 남아메리카에 있는 고도 5,000미터에 위치한 아타카마사막에 건설 중이던 밀리미터 전파망원경들로 관측이 가능한 것으로 예상되었다.

회의 중에 오케의 별세 소식을 들었다. 어느 날 첫 세션을 시작하기 전에 좌장이 지난밤, 오케 교수가 세상을 떠났다는 부음을 전하며 모든 이에게 묵념을 제안했다. 참석자 중에 그를 직접 만난 사람은 그렇게 많지 않겠지만 오케가 천문학 발전에 기여한 공로는 대부분이 알고 있는 듯했다. 그야말로 분광 관측의 전문가인 오케를 모두가 경건하게 기렸다. 오케는 정말 선량한 이였다. 그를 아는 모든 사람의 가슴에 오래 남을 것이다. 묵상하는 동안 오케의 부인 낸시 여사가 생각났다. 내 아내에게 빅토리아 이곳저곳을 소개해주며 함께 다녔고, 집으로도 몇 번이나 초대해준 따뜻한 부부였다.

그라마두는 조용한 휴양 도시라 한 해 내내 각종 학술 대회

259

가 열리는 모양이다. 덕분에 인프라가 잘 갖추어져 있고, 주변 환경도 좋다. 유럽의 도시를 연상시키는 붉은 벽돌 건물이 많았다. 브라질이 포르투갈의 지배를 받았던 영향인지, 아니면 유럽 사람들이 휴양 도시로 만든 것인지 유럽 느낌이 났다. 매일 학회가 끝나면 숙소로 돌아오는 길에 거리를 돌아다니다 적당한 레스토랑에서 저녁을 먹곤 했다. 유럽과는 또 다른 풍치가 있었다. 외국에서 혼자 지내는 것은 어느 정도 적응되어 편안한 시간을 가질 수 있었다.

귀국길도 쉽지는 않았다. 호텔에서 택시로 버스 정거장까지 가서, 버스로 포르투알레그리공항으로 가고, 그곳에서 국내선을 이용해 상파울루에 간 다음, 국제선을 갈아타고 귀국하는 것이다. 완전히 역순인데, 한 가지 차이점은 올 때는 상파울루에서 그렇게 오래 기다리지 않고 바로 비행기를 갈아탔지만, 귀국길에는 꽤 긴 시간을 공항에서 보내야 했다는 점이다. 물론 나쁘지는 않았다. 이곳 커피가 워낙 맛있어 가게를 옮겨 맛을 보는 재미가 있었다. 인상적인 것은 카푸치노나 카페라테를 대접 같은 큰 컵에 주는데 한꺼번에 마시기가 벅찰 정도였다. 커피의 본고장이라 그런지 포르투알레그리공항에서 마신 카푸치노는 이제껏 마신 어떤 커피보다 맛있었고, 상파울루공항에서 마신 것도 다르지 않았다.

대부분의 시간을 참선하며 보냈다. 50분 참선하고, 10분 정도 쉬었다가 다시 50분을 하고, 이런 식으로 돌아왔는데 그라마두 호텔을 나선 지 이틀 만에 집에 도착했지만 그다지 피곤하지 않았다. 이 여행 이후, 외국에 갈 때는 반드시 해야 할 일이 없는 한 비행 중에는 계속 참선을 하게 되었다. 호흡하며 내부를 관조하는 것인데, 명상과 크게 다르지 않다.

휘어 있는 원반

마우나케아에 처음 갔을 때 망원경 고장으로 원하는 관측을 하지는 못했지만 소득이 하나 있었다. 산 아랫마을에 있는 CFHT 본부에 들렀을 때 구한 달력에 실린 천체 사진 한 장이 눈길을 끌었고, 결국 새로운 연구로 이어진 것이다. 이 천체는 원반의 측면이 보이는 나선은하였다. 원반의 가장자리가 휘어져 있는 게 뚜렷이 눈에 들어왔다. 처음 보는 현상이었고, 호기심이 발동했다. 귀국 후 이 달력을 연구실 벽에 걸어두고 틈틈이 보며 원반이 휘는 원인을 생각했다. 그러다가 2003년 7월, 호주 시드니에서 열린 IAU 총회에서 이 현상을 본격적으로 연구할 계기가 만들어졌다.

문헌을 보면 원반이 휘는 현상에 대해 여러 가설이 제안되어 있으나 모두가 공감하는 설명은 없었다. 마침 호주 IAU 총회에서 만난 사람 중에 은하의 역학을 평생 연구한 이가 많아 원반이 휘는 원인을 물어보았다. 재미있는 것은 질문을 받은 모든 학자가 이 현상을 설명하기는 하는데 사람마다 설명이 다르고, 누구도 자신 있게 답하지는 못하는 것이었다.

그러던 중 내가 주로 참석하는 심포지엄에서 발표자들이 보여주는 슬라이드에 내용과는 관련이 없었지만 원반이 휘어진 은하가 많았다. 점심시간이 되어갈 무렵 또 휘어진 원반을 가진 은하의 슬라이드를 보게 되었는데, 누군가가 손을 들고 질문을 했다. '오늘 우리가 여러 슬라이드에서 휘어진 원반을 많이 보았는데 아무도 설명하는 사람은 없는 것 같다. 누가 말해줄 수 있는가?' 몇 사람이 의견을 이야기했으나 통일된 견해가 없자 비니James Binney

가 벌떡 일어나 자기가 1년 동안 연구하여 다음 학회에서 알려주겠다고 하며 논의가 끝났다. 비니는 옥스퍼드대학 교수로 《은하역학Galactic Dynamics》을 쓴 대가다. 이 책은 거의 모든 대학원에서 교재로 사용되는 명저다.

호주에서 돌아와 이 현상을 이해하는 첫걸음으로 박사 과정에 있던 박종철과 함께 팔로마전천탐사 사진 건판 자료로 만든 디지털전천탐사DSS 자료를 분석하여 휘어진 원반의 통계를 조사하고, 이 중 일부 은하는 보현산천문대에서 CCD 측광 관측을 수행했다. CCD 측광을 한 이유는 원반의 휘어진 부분에서 별이 생성되고 있는지를 살펴보기 위함이었다.

관측 자료의 통계 분석이 끝난 후 천문학회에서 원반의 휨 현상에 대한 통계적 특성을 발표하고, 휘어지는 원인을 설명하는 몇 가지 가설을 소개했다. 이 발표의 마무리로 원반의 휨 현상에 대한 수치 모형 계산을 하고 싶은 사람이 있으면 좋겠다고 했다. 다행히 경희대학교 학부생인 전명원이 이 문제에 관심을 보여 그와 함께 수치 모형 계산을 하게 되었다. 전명원이 한 계산은 암흑 헤일로의 회전축이 원반의 회전축과 어긋나 있을 경우, 헤일로의 토크에 의해 원반이 어느 정도 휘는지를 조사하는 것이었고, 성공적이었다.

계산에 필요한 기술적인 문제를 도움 받기 위해 전명원의 지도 교수인 경희대학교 김성수 교수가 연구에 동참했다. 전명원은 계산에 어느 정도 진척이 있으면 부산에 와 의견을 교환했는데 매

264

달 한두 번은 만난 것 같다.

계산을 완성하여 논문 발표에 이르기까지 3년 정도 걸렸지만, 전명원은 이것이 발판이 되어 석사를 마친 후 미국 텍사스대학에 유학 갈 수 있었다. 이 때문에 휨 현상의 다른 기작을 시험하던 후속 계산은 중단되고 말았지만, 다행히 연세대학교의 김정환이 우리가 하던 일을 발전시킨 수치 모형 계산을 했다. 그가 다룬 것은 위성은하나 은하로 성장하지 못한 암흑물질로 된 작은 헤일로의 영향이었는데, 이들이 원반 주위를 지나가며 가하는 충격으로 원반이 휘어지는 것을 분석했다. 이 연구는 김정환의 석사 학위 논문의 골간이 되었고, 《천체물리학저널》에 실려 호평을 받았다.

한국천체물리워크숍의 출범

막대은하의 역학적 진화에 대한 수치 모형 계산을 하며 교토 회의, 라팔마 회의, 로마 회의 등에 참가했다. 앞에서 소개한 1995년 앨라배마 회의가 처음이었고, 2004년 그라마두 회의가 마지막이었으니 10년 정도 모형 계산을 한 셈이다. 물론 이 기간에 보현산천문대나 DAO, 사이딩스프링천문대, CFHT천문대 등 관측도 다녔지만 대부분 시간을 수치 계산으로 보냈고, 이와 관련된 회의는 가능하면 참석하려 노력했다. 수치 모형 계산에 서투니 전문가들을 만나 조언을 듣기 위함이었다.

이 기간, 국내에서 한국천체물리워크숍Korean Astrophysics Workshop, KAW이 출범했다. 2001년에 부산대학교에서 열린 제1회 KAW를 시작으로 격년으로 열렸는데, 내가 연구하는 주제와 관련된 회의도 있어 몇 차례 참석했다. 내가 정년 전 마지막으로 참석한 KAW는 2013년 서울대학교에서 열린 회의였다.

KAW는 류동수 교수와 강혜성 교수의 노력으로 우리나라 천체물리학 연구를 발전시키기 위해 만들어진 워크숍이다. 지금은 수치 모형 계산을 하는 연구자의 수가 적지 않아 세미나나 워크숍을 열 규모가 되나, 2000년대 초에는 개최가 어려웠다. 이런 점을 타개하기 위해 류동수, 강혜성 교수는 국제 대회를 열어 외국의 전문가들을 통해 우리나라의 천문학도들이 수치 모형 계산 등 이론천문학 연구에도 눈을 뜰 수 있기를 바라는 마음으로 쉽지 않은 일을 맡은 것이다.

류동수, 강혜성 교수는 텍사스대학에서 우주론 분야 수치 모형 연구를 수행했다. 류동수 교수는 자기유체역학 분야에서, 강혜성 교수는 우주선 분야에서 독보적인 연구를 해온 우리나라 이론천문학의 한 축을 담당하는 학자들이다. 내가 복이 많은지 이형목 교수가 서울대학교로 자리를 옮긴 후 강혜성 교수가 학과에 부임해 나는 다시 최고의 동료를 얻었다. 앞서 언급했듯 내가 생소한 수치 계산에 뛰어들어 나름의 성과를 낼 수 있었던 것도 강혜성 교수의 도움이 없었으면 불가능한 일이었다.

제1회 KAW는 2001년 6월 부산대학교 인덕관에서 개최되었다. 내가 지역조직위원장을 맡아 학교에서 처리해야 할 일은 했지만, 거의 모든 준비를 강혜성 교수와 류동수 교수가 했다. 이 회의는 천체물리학 분야로는 우리나라에서 처음으로 열리는 국제 학술 대회여서 의미가 작지 않았다. 서울대학교의 홍승수 교수님, 이상각 교수님, 이형목 교수가 참석했고, 경북대학교의 박명구 교수, 충남대학교의 김광태 교수, 류동수 교수, 조정현 교수, 충북대학교의 한정호 교수가 참가했다. 부산대학교에서는 나와 강혜성 교수 외에 물리학과의 이창환 교수가 참가했다. 주제가 천체물리학적인 유체에 대한 수치 계산이었는데 SPH 코드를 처음으로 개발한 호주의 모나한 교수를 비롯하여 유체역학 전문가가 대거 참석했고, 미국의 존스 교수 등 자기유체역학 분야의 전문가도 많이 참가했다.

이 회의에서 두 가지 잊을 수 없는 것이 있다. 한 가지는 SPH 코드를 도입한 호주의 모나한 교수의 강연이었는데, 해변의 파도를 모사한 수치 모형 계산이 너무나 사실적이었다. 다른 한 가지는 많은 젊은 학자가 충남대학교의 김광태 교수를 존경하는 마음으로 대하는 모습이었다. 김광태 교수는 서울대학교 천문학과를 같이 졸업한, 전파천문학을 전공하는 친구다. 그가 'K. T. Kim'이라는 이름으로 1989년 《네이처》에 실은 논문이 최초로 코마은하단의 전파 헤일로를 관측한 것이고, 이 전파 헤일로로부터 코마은하단의 자기장 세기가 수 마이크로가우스임을 발견한 중요한 연구였다. 그의 관측이 워낙 전설적인 것이어서 처음 보는데도 인사를 하는 젊은 학자가 많았다.

내가 그동안 수행한 수치 모형 계산의 마무리는 원반 은하의 역학을 주제로 2013년 서울대학교에서 개최된 제7차 KAW에서 할 수 있었다. 이 회의는 서울대학교의 김웅태 교수가 준비했는데 내 회갑이 약간의 계기가 되었을지도 모르겠다. 그 역시 나선은하의 역학 문제를 주로 다루니 그의 연구와 내가 한동안 연구한 주제가 겹쳐 그리 정했을 것이다. 덕분에 나는 그동안 은하 역학 관련 회의에서 자주 만났던 콤브, 아타나소울라, 엘머그린 등 많은 사람을 만날 수 있어 좋았다. 이 시기에는 대학 행정에 대부분 시간을 쓰느라 국제 학술회의에 갈 엄두를 내지 못하고 있었는데 가장 친숙한 회의가 우리나라에서 열려 다행이었다. 나는 새로운 연구 결과는 없었지만, 그동안 궁구한 은하 역학에 대한 것을 정리하여 초청 강연으로 발표했고, 연구 여정의 중요한 한 부분을 정리할 수 있어 무척 다행이었다. 학회를 준비하고 나를 초청해준 분들에게 감사할 따름이다.

7부

천문학의 질문들

▲ 슬론천구탐사망원경 (p. 273)
SDSS는 2000년에 시작된 은하의 적색이동 관측 프로젝트로서 프린스턴대학을 중심으로 수행되었다.

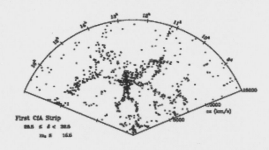

First CfA Strip

▲ 우주의 거대구조 (p. 276)
후크라가 주도한 하버드대학 천체물리연구소의 적색이동 관측에서 드러난 것이다.

Table 1. Properties of NGC 3501.

Property	Value	Comments	Reference
Type	Scd		Ann et al. (2015)
RA	$11^h02^m47.307^s$	[J2000.0]	Skrutskie et al. (2006)
Dec	$+17°59'22.31''$	[J2000.0]	Skrutskie et al. (2006)
PA	28	[°]	Comerón et al. (2018)
Distance	23.55	[Mpc]	Tully et al. (2016)
Redshift	0.00377		Haynes et al. (2018)
Major-axis	233.4	D_{25} [arcsec]	de Vaucouleurs et al. (1991)
Minor-axis	30.81	d_{25} [arcsec]	de Vaucouleurs et al. (1991)
Thick disc scale height	3.3	[arcsec]	Comerón et al. (2018)
Thin disc scale height	1.0	[arcsec]	Comerón et al. (2018)
Stellar mass	1.5	[$\times 10^{10}$ M$_\odot$]	Sheth et al. (2010)
Dust mass	1.1	[$\times 10^{7}$ M$_\odot$]	Nersesian et al. (2019)
v_c	136	[km s^{-1}]	Sheth et al. (2010)

◀ NGC 3901의 특성 (p. 281)
'Ann et al.(2015)'은 내가 서미라, 하동기와 함께 출간한
은하 분류 목록을 발표한 논문이다.

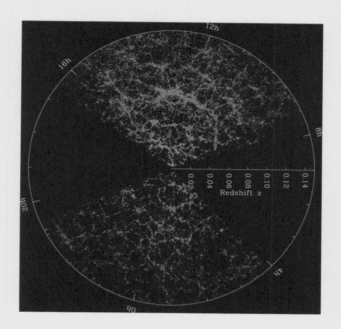

▲SDSS 적색이동 탐사가 보여주는 우주 거대구조 (p. 276)
초은하단, 필라멘트, 빈터, 장성 등이 잘 드러난다. 모든 점은 은하를 나타내고 붉은색은 은하의
밀도가 높은 곳을 나타낸다. 중심이 관측자, 즉 우리은하가 있는 곳이다.

▲세레스 (p. 284)
최초로 발견된 소행성이었으나 명왕성과 같은 왜소행성으로 분류되었다.

우주의 거대구조

슬론디지털천구탐사

약 10년간의 수치 모형 계산을 마치고 다시 관측으로 돌아가고 싶었지만, 보현산천문대의 1.8미터 망원경으로는 한계가 있었다. 그러던 중 2004년에 국내에서 슬론디지털천구탐사SDSS 컨소시엄 가입을 위해 한국과학자그룹이 형성되었다. 나도 이 그룹에 참여해 SDSS 자료를 이용하여 은하의 형태 연구를 시작할 수 있었다. 그룹이 만들어지는 과정에 고등과학원 박창범 교수의 역할이 지대했다.

　　박창범 교수는 우리나라가 SDSS 컨소시엄에 들어갈 수 있도록 이끌었을 뿐 아니라 고등과학원을 통해 상당한 재정적 지원을 했다. 한국과학자그룹의 탄생에 세종대학교 우주진화연구소의 역할도 적지 않았다. 나를 포함한 한국과학자그룹의 일원 대부분이 이곳 연구원이었고, 소장이었던 강영운 교수가 재정 측면을 포함하여 적극적인 지원을 해주었다.
SDSS는 2000년에 시작된 은하의 적색이동 관측 프로젝트로서 프린스턴대학을 중심으로 수행되었다. 1980년대에 밝은 은하를 대상으로 이루어진 하버드대학 천체물리연구소CfA의 적색이동 탐사보다 더 깊은 우주의 모습을 관측할 필요성에서 기획되었다. SDSS 관측의 시작은 2000년에 이루어졌지만, 뉴멕시코주에 구경 2.5미터 전용 망원경을 갖춘 아파치천문대의 건설과 운영 재원을 마련한 것은 1991년의 일이다. 프린스턴대학의 건을 중심으로 후원금 모금에 나섰고, 이에 앨프리드 P. 슬론 재단이 호응하여 프로젝트를 시작할 수 있었다.

　　건은 후원금을 모집할 때 우주의 거대구조가 그려진 안내 책자를 들고 다녔는데, 그 표지에 쓰인 거대구조 그림은 박창범 교수가 프린스턴대학에서 박사 학위 논문을 준비할 때 계산한 것이다. 박창범 교수와 SDSS 프로젝트의 특별한 관계로, 2005년부터 시작하는 SDSS II의 컨소시엄에 우리나라가 쉽게 합류할 수 있었다.

　　거대구조는 수십 메가파섹 이상의 규모에서 나타나는 우주의 모습이다. 이러한 거대구조에는 은하단이 모인 초은하단, 초은하단 사이에 비어 있는 영역인 빈터, 초은하단을 연결하는 필라멘트 등이 포함된다. 이보다 큰 구조인 장성은 초은하단보다 훨씬 많은 은하가 모여 벽처럼 늘어선 것으로, SDSS 탐사에서도 새로운 장성이 발견되어 '슬론 장성'이라 명명되었다. SDSS는 CfA 탐사보다 훨씬 먼 은하까지 관측하여 가까이 있는 거대구조뿐 아니라 더 멀리 있는 거대구조를 탐사했다.

　　SDSS는 기술적으로 새로운 시도를 많이 했다. 한꺼번에 여러 은하의 스펙트럼을 동시에 관측할 수 있도록 광섬유 다발을 이용했고, CCD 영상 관측에서는 망원경이 천구의 대원을 따라 움직일 동안 은하의 영상이 CCD의 픽셀을 따라 움직이는 스캔 모드로 관측했다. 1회 스캔은 54초 동안 이루어졌고, 한꺼번에 5개의 필터를 이용해 천체 영상을 촬영했다. 이렇게 관측된 자료를 실시간으로 연구자들이 사용할 수 있는 형태로 기본 처리를 한 후 인터넷을 통해 내려받도록 했는데, 이를 전부 자동화한 것이다. 지금은 많은 천문대에서 이러한 방법을 도입했지만 당시로서는 무척 새로운 시도였다.

SDSS가 천체 관측에서 여러 혁신적인 방법을 도입한 것은 건의 영향이었을 듯하다. 그는 우주론 분야에서 이론적인 연구를 많이 해 우주론이나 은하 형성론을 연구하는 사람이라면 모를 수가 없는 학자다. 이러한 이론가가 천체 관측 기기에도 해박하여 은하의 적색이동 탐사에 많은 변화를 가져올 수 있었다.

건은 1965년 칼텍에서 학위를 하고 2년 후 프린스턴대학의 교수가 되었지만 바로 가지 않고 버클리대학에 잠시 있었다. 1980년, 프린스턴대학에 갈 때까지 주로 칼텍과 팔로마천문대에 머물며 기기 개발과 관측에 열중했다. 이 기간에 그가 최고의 천문학자로 경외하는 오케와 깊은 교분을 가졌다.

건은 여러 분야에서 중요한 업적을 남겼다. 은하 생성, 우주 거대구조 등 우주론과 관련해서 그가 연구하지 않은 것이 없다고 할 정도다. 워낙 중요한 업적이 많아 몇 가지만 꼽기 어렵지만, 건이 대학원생이던 시절 피터슨Bruce Peterson과 함께 발견한 건-피터슨 골짜기(멀리 있는 퀘이사에서 나온 빛이 우주 공간에 있는 수소 원자에 흡수되어 스펙트럼이 골짜기처럼 깎이는 현상)는 은하 생성론에서 무척 중요한 연구다. 그리고 1972년에 프린스턴 동료인 고트J. Richard Gott와 함께 은하단에서 은하의 성간물질이 증발하는 기작을 밝혀 은하 진화 이해에 크게 이바지했다. 건은 이처럼 탁월한 연구와 더불어 대형 과학 과제의 추진에 많이 관여했고, 그중 하나가 2000년부터 관측이 시작된 SDSS 프로젝트다. 이는 방대한 관측으로 인식의 지평을 넓히는 데 크게 공헌했다.

관측 우주론 분야의 대표적인 프로젝트인 SDSS가 건에 의해 주도되었지만, 프린스턴대학에는 우주론 전문가가 많다. 2019년 우주론에 기여한 공로로 노벨물리학상을 받은 피블스, 암흑 헤일로를 예측한 오스트라이커, 《아인슈타인 우주로의 시간 여행》의 저자 고트 등이 있다. 특히 피블스는 《물리적 우주론 Principles of Cosmology》이라는 역저를 출간하여 많은 사람이 우주론을 깊이 있게 공부할 수 있는 길을 열었다. 이렇게 쟁쟁한 학자가 많으니 프린스턴대학이 우주론의 메카가 될 수밖에 없다. 또한 아인슈타인이 미국에 와 정착한 곳이 프린스턴대학인 것과도 무관하지 않겠다. 아인슈타인은 독일이 히틀러의 파시즘에 지배당하자 유럽의 교수직을 포기하고 프린스턴대학 고등과학원에 둥지를 틀었다.

국내 우주론 연구도 프린스턴대학 출신들이 많이 관여하고 있다. 대표적 이론가인 고등과학원의 박창범 교수, 유니스트의 류동수 교수, 부산대학교의 강혜성 교수는 프린스턴에서 학위를 했거나 박사후연구원을 지냈다. 그뿐 아니라 우주론과 중력렌즈 전문가인 경북대학교의 박명구 교수, 우리나라 중력파 연구를 주도하고 있는 서울대학교의 이형목 교수도 같은 출신이다. 2022년 서울시립대학교에 부임한 최이나 교수도 프린스턴대학에서 학위를 한 블랙홀과 우주론 전문가다.

한 가지 흥미로운 점은 박창범 교수를 제외한 모든 이의 지도 교수는 오스트라이커고, 박창범 교수의 지도 교수는 고트인데, 《아인슈타인 우주로의 시간 여행》을 번역하여 우리나라 독자들에게 고트를 소개한 사람은 박명구 교수다. 박창범 교수는 오랫동안 고트와 함께 연구해왔지만 고트의 저술을 박명구 교수가 번역한 것을 보면 그에게 시간 여행이란 주제가 재미있었나 보다.

SDSS 워크숍의 시작

SDSS 관련 제1회 워크숍은 2005년 여름, 안면도에서 가졌다. 이때는 가족까지 함께 모여 서로 교류도 하고, 휴가를 겸할 수 있었다. 교수뿐 아니라 대학원생도 참여했는데 이때 특별히 눈에 띄는 학생으로 황호성이 있었다. 키스트를 졸업하고 천문학을 하러 서울대학교 대학원에 들어갔는데 이명균 교수의 지도를 받고 있었다. 그는 모든 발표를 열심히 듣고 질문도 했는데, 반짝이는 눈으로 집중하던 모습이 눈에 선하다. 다들 SDSS 사용이 처음이라 배울 것이 많았는데, 이 또한 박창범 교수가 도움을 주었다. 박창범 교수는 그의 박사후연구원인 최윤영 박사에게 SDSS 자료 사용법을 익혀 국내의 학자들에게 설명할 수 있게 준비한 것이다. 2박 3일의 워크숍이었는데 여러 가지를 배운 알찬 자리였다.

안면도에서 시작된 워크숍은 매년 이어져 SDSS를 이용하는 한국 천문학자들의 구심체 역할을 했다. 안면도 이후에는 워크숍을 여름에 평창에서 한 번 했고, 대부분은 겨울에 했다. 안면도 다음으로 기억에 남은 여름 회합은 2011년 8월 평창에서 가진 고등과학원 여름 학교다. 이때 우주의 구조 형성에 관한 논의가 주를 이루었는데 국내에서 이렇게 토론을 중심으로 진행된 워크숍은 처음이었다.

국내의 은하 연구자와 우주론 연구자가 모여 관측과 이론 분야의 주된 이슈에 대한 논의를 거의 시간 제한 없이 하고, 그 결과물을 책으로 출판했다. 이 워크숍은 기존 연구자뿐 아니라 대학원생들에게도 많은 도움이 되었을 것이다. 나는 한 세션의 좌장을 했지만, 다른 세션에서도 주로 학생들의 질문에 답하는 역할을 했다.

SDSS II 컨소시엄 참여를 위해 결성되었던 한국과학자그룹은 2012년부터 탐사과학그룹으로 이어졌고, 워크숍의 주제도 탐사과학으로 바뀌었다. 이 그룹 역시 고등과학원의 박창범 교수가 주도했고, 고등과학원에서 워크숍 개최 비용을 지원했다. 워크숍은 겨울에 이루어졌으며 주로 '하이원'에서 했다. 우리가 온종일 회의에 몰두하는 동안 함께 온 가족들은 스키를 즐기거나 주변을 둘러보았다. 회의 참가자 대부분이 스키를 좋아하는 편이었지만 회의 중에는 어쩔 수 없었고, 집에 가는 날 타거나 미리 와서 스키를 즐기고 회의에 합류하곤 했다.

은하 분류 프로젝트

SDSS 연구에 한창 열중인 기간에는 고등과학원을 자주 방문했다. 고등과학원에서 숙소를 제공받아 며칠 머물면서 연구할 수 있었다. 박창범 교수는 원래 우주론적 규모의 수치 계산을 하는 학자인데, SDSS 관측 자료가 쏟아지자 이를 활용하기 위해 은하 연구를 시작한 것이다. 그 첫 단계가 은하의 형태 분류라고 생각하여, 조기형 은하와 만기형 은하로 분류하는 코드를 만들어 SDSS에서 스펙트럼이 관측된 은하에 적용했다.

우리는 공동 연구도 한 가지 수행했다. 박창범 교수는 고립된 위성은하계를 찾고 이들의 형태를 그가 개발한 코드로 분류했다. 나는 기계 분류 결과를 육안으로 확인해 정확도를 높이고, 후속 분석을 맡았다. 고립된 위성은하계의 특성을 이해하기 위해 먼저 살펴본 것은 위성은하 형태와 모은하 형태의 관련성이었다. 이렇게 하여 알게 된 것이 위성은하가 모은하에 가까이 있을수록 모은하의 형태를 닮는다는 점이었다.

즉, 은하 세계의 유유상종을 발견한 것이다. 나는 이 결과를 여러 학회에서 발표했고, 그 함의를 대중 강연에서도 자주 다루었다. 은하의 유유상종은 사회의 변화를 추동하는 첫걸음이 무엇인지 암시한다. 가까이 있으면 닮게 되니 아름다운 사회, 좋은 사회를 원한다면 내가 아름다운 사람, 좋은 사람이 되어야 하는 것이다.

SDSS 자료를 이용한 연구와 관련하여 아쉬운 일이 있다. 연구가 시작되고 얼마 되지 않았을 때였다. 시민들이 참여하는 은하 분류 프로젝트를 구상은 해놓고 우물쭈물하는 사이에 유럽에서 먼저 시작하여 출발하지도 못하고 접어버린 것이다. 어느 날 SDSS 관련 회의를 하고 저녁 먹는 자리에서 시민들에게 SDSS 은하 영상 취급 방법을 교육하여 직접 은하를 분류하게 하면 좋겠다는 아이디어가 나왔다. 이 이야기를 나눈 사람은 나와 박창범 교수, 박명구 교수 등이었는데, 시민들의 분류에서 생기는 개인적인 오류를 보정하는 방법 등 꽤 구체적인 것들도 검토되었다. 모두가 적극적이었다.

그런데 거의 같은 개념인 '은하동물원 프로젝트'가 이야기를 나눈 지 몇 달 후 유럽에서 시작되어 우린 생각을 접게 되었다. 누군가 책임을 지고 일을 추진해야 했는데 후속 조치를 하지 않아 좋은 기회를 날려버린 것이다. 여기에는 내 책임이 가장 크다. 그 당시 내가 은하의 육안 분류를 하고 있었고, 은하의 형태학에 가장 관심이 많았기 때문이다. 다른 사람들에게 미안하기도 하고, 안타깝기도 하다.

SDSS 영상을 이용한 위성은하 연구의 후속 작업으로, 가까이 있는 우주에서 관측되는 약 6,000개의 은하를 육안으로 분류하여 그 특성을 분석했다. 이 연구에 박사 과정에 있었던 서미라가 많은 역할을 했다. 결과는 국부 우주에 있는 은하 목록으로 《천체물리학저널》 보충 시리즈에 출판되었다. 이 글을 쓰며 내 작업이 어떻게 이용되는지 살펴보니 개별 은하의 분류형을 표시할 때 내가 분류한 은하 형태를 참조하는 경우가 적지 않았다. 예를 들면 나선은하 NGC 3901의 특성을 표로 제시할 때 형태는 나의 결과를 취하고, 거리는 툴리의 연구를, 장축과 단축의 길이는 드 보쿨뢰르의 연구를 취하는 것과 같은 형태다. 이 예는 2023년 영국 《왕립천문학회지》에 발표된 어떤 논문에서 가져왔는데 뿌듯하다. 천문학 발전에 크게 기여한 것은 없지만 이렇게 다른 사람들이 내 연구 결과를 활용해 기쁘고, 더구나 툴리나 드 보쿨뢰르와 같은 대가들과 나란히 이름을 올릴 수 있어 영광스럽다.

2024년 1월 말로 예정된 탐사과학 워크숍 개최 직전, 반가운 소식을 들었다. 박창범 교수가 주도하는 고등과학원의 '시민과 함께 과학' 프로젝트의 하나로 '모두의 은하 연구소'가 수행된다는 것이다. 이 과제에서는 고등과학원-한국천문연구원-서울대학교가 공동으로 진행하는 전천분광탐사인 A-SPEC에서 스펙트럼을 관측할 은하의 형태를 시민과 함께 분류하게 된다.

이 과제의 책임연구원은 서울대학교 황호성 교수다. 황호성 교수는 2005년 안면도 SDSS 워크숍 때 학생이었는데, 이명균 교수의 정년 퇴임을 맞아 후임으로 서울대학교에 갔고, 이제는 교수로서 이 사업을 이끌게 되었다. 정말 잘된 일이다. 분류할 대상 은하는 약 80만 개로 국내 학자들이 분광기를 제작하여 대상 은하들의 스펙트럼을 관측하고, 시민들은 이 은하의 형태를 분류하는 것이다. 이렇게 얻어진 분광 자료와 은하 분류 결과는 은하의 탄생과 진화, 우주의 진화 등 현대 천문학의 핵심 질문에 답하기 위한 연구에 사용된다.

학자들의 축제

행성의 정의

학술회의는 학자들의 축제다. 더구나 나는 여행 자체를 좋아하니 학술회의 참가는 언제나 즐거웠다. 국내에서 봄과 가을에 열리는 한국천문학회는 빠지지 않았고, 외국에서 열리는 학술회의도 거의 매년 다녔다. 주로 은하의 역학이나 형태학 관련 회의였고, 일부는 IAU 총회 기간에 열린 것이다. 앞서 은하 역학에 대한 회의들을 소개했으니 여기서는 은하 형태학 관련 회의 몇 가지를 이야기해본다.

2006년 IAU 총회가 체코의 프라하에서 열렸다. SDSS 자료를 이용한 연구를 열심히 하고 있을 때라 회의에 참석하여 연구 결과를 공유하고 싶었다. 이번 프라하 여행에는 아내와 딸도 같이 가면 좋을 것 같아 이야기하니 쉽게 동의했다. 어느 방송국에선가 〈프라하의 봄〉이라는 드라마가 방영되어 사람들이 프라하에 익숙할 때였다. 그래서인지 프라하 회의에는 국내 학자들이 대거 참석했다. 시드니 IAU 총회 때보다 더 많이 온 것 같다.

총회가 열린 곳은 신시가지이고 내가 머무는 곳은 구시가지라 제법 거리가 있었으나 지하철이 바로 연결되어 그다지 불편하지 않았다. 나는 관련 심포지엄에 참석했고, 총회에도 우리나라를 대표하여 참가했다. 원래는 국가별 IAU 위원장이 있는데 프라하 회의에 우리나라 위원장이 참가하지 못해 그 당시 학회장이었던 내가 대표 역할을 한 것이다. 총회는 여러 안건을 다루는데 이번에는 재미있는 일이 있었다. 행성의 정의를 새로 정하고 이에 대한 찬반 투표권을 참가자 모두에게 준 것이다. 이 정의가 받아들여지면 명왕성은 행성에서 왜소행성으로 바뀐다.

행성의 정의를 투표로 결정한다는 것이 상당히 우스꽝스러운 일이나 이 경우에는 파장이 커서 어쩔 수 없었던 모양이다. 보통 안건에 대해서는 국가별 투표권에 따라 대표자가 투표하는데, 이 경우에는 회의에 참석한 모든 사람이 누구나 한 표를 행사하는 것이었다. 투표 방법은 거수로 했는데 난 찬성에 손을 들었다. 과반수면 통과인데 자세히 세지 않더라도 완전히 한쪽으로 기울었다. 반대한 사람 중에는 미국 사람이 많았다. 아마 행성 발견자 목록에서 미국인이 빠지는 게 아쉬웠을 것이다. 수성, 금성, 화성, 목성, 토성 등은 맨눈으로 보이는 행성이라 고대부터 알려져 있었고 천왕성, 해왕성, 명왕성은 망원경이 발명된 뒤 발견되었는데, 이 중 명왕성만 미국인 톰보Clyde W. Tombaugh가 찾아냈다.

수천 년 동안 친숙했던 행성을 다시 정의하게 된 데는 이유가 있다. CCD의 발달로 어두운 천체의 관측이 가능해지자 과거에는 관측되지 않던 태양계의 소천체가 많이 발견되었고, 이 중에는 명왕성 크기의 천체가 몇 개 있어 이를 행성이라 할지 소행성이라 할지 논란이 있었다. 명왕성을 행성으로 취급하려면 새로 발견된 몇몇 천체도 행성으로 보는 것이 합리적이라 행성의 정의를 구체적으로 하기 위해 프라하 총회에 안건으로 상정한 것이다. 프라하 총회에 행성 분과에서 올린 행성의 정의는 다음과 같다.

1. 태양 주위를 돌아야 한다.

2. 모양이 구형을 이룰 정도로 충분히 질량이 커야 한다.

3. 궤도에 있는 다른 천체를 청소할 수 있는 주도적 천체여야 한다.

회의는 2주간 열렸지만, 가족과 함께 왔으니 같이 몇 군데 가 보고 싶어 두 번째 주 중간쯤에 프라하를 떠나 로마로 향했다.

은하의 환경

SDSS 자료를 활용한 연구는 계속 진행되었고, 2009년 5월 스페인 그라나다에서 고립된 은하에 대한 학술회의가 열린다는 소식을 듣고 참가했다. 분석 중이던 고립된 위성은하계의 연구 결과가 어느 정도 나왔기 때문이다. 그라나다 회의의 주제는 은하의 특성이 태어날 때 결정되는지 주변 환경의 영향을 받아 결정되는지를 다루는 것이었다. 이 때문에 은하의 환경을 어떻게 정의하는지가 중요했다. 나는 위성은하계 연구에 사용한 두 가지 환경 인자를 이용해서 은하의 고립도를 정의했고, 이렇게 정의된 고립된 은하의 특성을 살펴보았다. 내가 특히 관심을 가진 것은 고립된 환경에 있는 은하의 형태였는데 이를 위해 은하 분류를 병행했다.

SDSS 자료로 연구하는 동안 많은 회의를 다녔지만 그라나다 회의는 특히 만족스러웠다. 알람브라궁전이 있는 아름다운 도시 자체가 좋았고, 편안한 분위기로 회의가 진행되는 것이 좋았다. 그라나다 회의에는 평소 친분이 있는 이들이 다수 참석해 낯설지 않았다. 많은 사람과 즐겁게 해후했지만 그중에서도 아타나소울라가 특히 반겨주었다. 그는 나와 처음 만난 1988년 볼티모어 IAU 총회를 회상하며, 그때 내 학위 논문이 참으로 인상적이었다고 술회했다. 아타나소울라와 항상 같이 다니는 보스마도 몹시 반가워했는데, 이 사람이 앞서 소개한 전파 관측으로 나선은하의 회전 곡선이 편평하다는 것을 확정적으로 밝힌 그 보스마다.

그라나다 회의에서 참 인상적인 것은, 은하의 환경을 정의하는 문제로 많은 의견 교환이 있었고 은하의 환경 인자에 대한 공동 연구가 제안되었다는 점이다. 이 제안은 호주의 우주 거대구조 연구자인 크로톤Darren J. Croton이 했다. 은하의 환경을 서로 다르게 정의하고 있으니, 은하의 환경 인자들을 상호 비교해보는 것이 좋겠다는 취지였다.

많은 사람이 동의했고, 구체적인 의견은 돌아가서 이메일로 교환하기로 했다. 결국 이 제안은 결실을 보아 공동 연구가 수행되었고 나 또한 참여했다. 크로톤은 수치 모의실험으로 구한 은하의 공간 분포 자료를 제공하고, 참여하는 연구자들은 그들이 사용하는 환경 인자로 은하의 환경 특성을 조사하는 것이었다. 이 연구 결과는 영국 《왕립천문학회지》에 게재되어 은하의 환경을 정의할 때 자주 참고된다.

이 회의에서도 어느 날 오후를 비워 관광을 갔다. 그라나다가 위치한 지역에는 이슬람 문화가 남아 있고, 알람브라궁전이 대표적인 문화유산이다. 이 궁전이 보여주는 대칭성의 아름다움은 어느 곳에서도 보기 어려운 것이었다. 학회에서 제공한 환영 만찬도 일품이었다. 고급 레스토랑의 큰 홀 전체를 빌려 거행되었고, 스페인의 음식 문화를 제대로 즐길 수 있었다. 아타나소울라와 같은 테이블에 앉았는데 20년 전에 만나 계속 교류를 해 이제는 편한 친구처럼 되었다. 그는 그리스 출신으로 오랫동안 마르세유천문대에 있으며 평생 은하 역학을 연구한 학자로, 파리천문대의 콤브와 함께 은하 역학 분야의 대표적인 여성 천문학자다. 학술회의에 딸린 만찬은 대부분 훌륭했지만, 그라나다의 만찬은 특별한 즐거움을 주었다.

이 회의에는 박사후연구원 등 젊은 학자가 많이 참여했다. 젊은 참가자들에게 가장 주목받은 사람은 DAO에서 내 옆방에 있었던 에이브러햄이었다. 앞서 언급했듯 에이브러햄은 2003년 은하의 형태를 정량화하는 물리량의 하나로 지니계수를 사용했다. 지니계수는 경제학에서 부 배분의 불균등을 정의하는 지수인데 이를 천문학에 도입한 것이다. 어떤 국가의 부를 한 사람이 모두 가졌으면 지니계수는 1이고, 모든 사람이 균등하게 가졌으면 0이다. 에이브러햄은 이렇게 정의하는 지니계수와 광도의 중심 집중도, 은하의 평균 표면 밝기를 이용하여 은하의 형태적 특징을 구분했고, 종래에는 없던 새로운 방법이라 주목받았다.

에이브러햄이 그라나다 회의에서 발표한 주제는 그의 제자인 나이르Preethi Nair가 학위 논문 연구에서 SDSS 영상을 이용한 약

1만 4,000개 은하의 육안 분류에 대한 것이었다. 이 연구는 2010년 《천체물리학저널》 보충 시리즈에 실렸고, 내가 2015년 같은 학술지에 발표한 약 6,000개 은하의 육안 분류와 함께 전문가가 수행한 가장 방대한 은하의 육안 분류다. 앞으로는 AI가 은하 분류를 대신하게 되고, 육안 분류를 기대하긴 어려울 것이다. 그나마 위안이라면 나와 에이브러햄의 분류가 AI가 수행할 기계 학습의 자료로 사용될 수 있을 것이라는 점이다.

나미비아의 사막에서

그라나다에 다녀와서 10개월 뒤에 아프리카 나미비아의 사막인 소수스블레이에서 열린 학회에 갔다. 마무리되고 있는 왜소은하의 분류 작업 결과를 발표하고 싶었기 때문이다. 2010년에 열린 이 학회는 70세가 된 프리먼 교수를 기념하여 그의 맏제자인 남아프리카공화국 위트워트스랜드대학의 블록David L. Block이 주축이 되어 준비한 것이었다. 참가자가 모두 프리먼의 제자거나 친구 또는 지인이었다. 나는 제자도 친구도 아니니 지인의 범주에 들 것 같은데, 아시아에서는 내가 유일한 참가자였다.

소수스블레이 회의는 참석자가 50여 명인 학회지만 대단한 사람이 많았다. 모두 프리먼의 친구들인데 나이순으로 파지오Giovanni G. Fagio, 린든 벨, 실크Joseph Silk, 툴리 등이다. 모두 70세를 넘었거나 근접했다. 이들 중 하버드대학 천체물리연구소의 파지오는 감마선이나 적외선 기기 분야의 대가로서 스피처우주망원경의 핵심 관측 장비인 적외선 카메라를 개발한 사람이다. 연구 분야가 달라 이곳에서 처음 만났을 뿐 아니라 논문을 통해서도 접한 적이 없었다.

케임브리지대학의 린든 벨도 만나기는 처음이지만 논문을 통해서 익히 알고 있었다. 그는 프리먼의 박사 학위 논문을 지도한 두 교수 중 한 명으로 프리먼과 각별한 사이다. 린든 벨은 영국 케임브리지대학의 석좌 교수로 왕립천문학회장을 지냈으며, 수없이 많은 업적을 남겼다. 내가 처음으로 접한 그의 논문은 에겐Olin J. Eggen, 샌디지와 함께 1962년에 발표한 것으로, 우리은하의 생성을 설명한 은하 생성론의 고전이다. 은하의 중심에 초대질량블랙홀이 있음을 최초로 알았고, 이들이 퀘이사가 내는 막대한 에너지의 근원이라는 것을 밝힌 일도 린든 벨의 업적이다. 1980년대에는 일곱 사무라이의 일원으로 거대 끌개의 존재를 예측하기도 했다. 거대 끌개는 은하가 대단히 많이 모여 있어 주변의 은하들을 끌어당겨 붙여진 이름으로 거대 끌개의 발견에 독립적으로 기여한 일곱 명의 천문학자를 일곱 사무라이라고 부른다. 일곱 사무라이는 1954년 상영된 일본의 유명한 영화 〈7인의 사무라이〉에서 따온 것이다.

린든 벨과 프리먼에 관한 다른 흥미로운 일이 있다. 팔로마-라이덴 탐사로 발견한 소행성 중 1973년도에 발견한 것 10개에는 천문학자의 이름을 붙였는데 린든 벨이 그 첫 번째고 프리먼이 세 번째다. 린든 벨, 프리먼과 함께 소행성의 이름에 오른 사람들은 모두 1973년 당시 누구나 인정할 업적이 있는 이로, 다양한 분야의 사람이 망라되었다. 이 중 세 명은 분야가 달라 몰랐던 이들인데 목성의 전파 잡음을 발견한 버크Bernard F. Burke, 호주의 전파천문학자 에커스Ronald Ekers, 미국의 여성 전파천문학자 아네일라 사전트Anneila Sargent다.

사전트의 경우 소행성 이름에 성이 아니라 아네일라라는 이름이 붙었는데 남편이 칼텍의 교수인 윌리스 사전트Wallace L. W. Sargent로, 천문학자인 윌리스와 혼동할 수 있기 때문이다. 나머지 다섯 명은 모두 내가 만났거나 책으로 읽은 사람들로, 호주주립대학의 몰드Jeremy Mould, 독일 막스플랑크연구소의 겐첼Reinhard Genzel, 미국 프린스턴대학의 피블스와 건, 미국 버클리대학의 슈Frank Shu 등이다.

피블스는 우주론에 관심이 있는 사람이면 모를 수 없는 이로, 그의 《물리적 우주론》은 거의 모든 우주론 강좌의 교재로 사용될 정도로 명저다. 슈는 《물리적 우주: 천문학 서론The Physical Universe》으로 유명하다. 나는 이 책을 내가 가르친 학생 중 천문학을 더 깊이 공부하려는 이들에게 권했다. 천문학뿐 아니라 천문학에 필요한 양자역학을 포함한 기초 물리학을 탄탄하게 설명하기 때문이었다. 아마 내 실험실에 들어와 공부를 한 학생은 모두 이 책을 접했을 것이다.

친구급 참가자 중 실크는 옥스퍼드대학의 석좌 교수이며 우주론 분야 최고 이론가 중 한 명이다. 1980년 《빅뱅The Big Bang》이라는 대중서를 출간하여 전 세계에 수많은 독자가 있다. 국내에서는 서울대학교의 홍승수 교수님이 번역하여 '대폭발'이란 제목으로 1991년 민음사에서 출판되었다. 친구급 참가자 중 가장 나이가 적은 툴리는 하와이대학의 교수인데 여전히 왕성한 활동을 해서 다른 회의에서도 몇 번 만났다. 그는 앞서 언급했듯 은하의 거리를 구하는 중요한 방법의 하나인 툴리-피셔 관계를 발견한 학자다. 관측 우주론에 지대한 공헌을 했으며, 가까운 우주에 있는 빈터에 대해서는 거의 독보적인 연구를 한 석학이다.

이들 외에 초신성 관측으로 유명한 호주국립대학의 브라이언 슈미트와도 인사를 나누었는데, 그는 회의 다음 해인 2011년 펄머터, 리스와 함께 우주 가속 팽창을 발견한 공로로 노벨물리학상을 받았다. 그의 박사 학위 논문도 초신성에 대한 것이었으니 가속 팽창 발견이 우연히 이루어진 게 아니었고 평생을 연구한 분야에서 노벨상을 받은 셈이다.

회의에 참석한 사람이 50여 명으로 적은 것은 두 가지 이유가 있다. 철저히 초청으로 참가자를 선택한 것이고, 회의장 좌석이 50여 석으로 제한되어 더 많은 사람을 초대할 수 없었기 때문이다. 아시아에서는 나만 참석했는데 프리먼이 1984년 교토 회의 후 쭉 이어져온 나와의 인연을 귀하게 생각한 모양이다. 회의장이 이렇게 협소한 이유는 이곳이 나미비아 정부가 조성한 사막의 오아시스에 있는 휴양지로서, 큰 회의실을 갖추지 않았기 때문이다. 그나마 우리가 사용하는 회의실이 가장 큰 것이었다. 회의는 2월 말에 있었는데 적도에서 그렇게 멀지 않기 때문에 우리나라의 여름 날씨와 비슷한 정도였다.

학회 가는 길

나미비아의 사막 소수스블레이에서 열린 학회는 가는 길 자체가 여행이었다. 우선 우리나라는 나미비아와 비자 면제 협정이 설정되어 있지 않아 케이프타운에 가서 비자를 받기 위해 하루를 보내고, 비행기로 나미비아 수도 윈드훅으로 갔다.

하늘에서 본 아프리카는 강이 다 메말라 있을 정도로 가뭄이 극심했다. 붉은 황토가 대지를 뒤덮고 있고, 대부분이 사막이었다. 그나마 강이 바다와 만나는 곳에 간혹 물이 보이기는 했으나 전체적으로 부족해 보였고 사람이 살 수 있는 곳이 드물었다. 케이프타운은 우리나라와 적도에서 떨어진 정도가 비슷하여 사계절이 있고 날씨가 지낼 만했지만 더 북쪽으로, 즉 적도 방향으로 가면 대부분이 사막지대로 바뀌는 것이다.

윈드훅에 도착한 후 택시를 이용하여 예약한 호텔로 향했다. 다음 날 시내 중심지에 있는 집합 장소로 가니 이미 사람들이 모여 있었다. 여기서부터 버스로 소수스블레이까지 이동하는 것이다. 준비된 2대의 버스에 나누어 타고 목적지인 소수스 계곡이 있는 사막의 휴양지로 향했다. 도시의 중심을 벗어나자마자 포장이 되지 않은 도로가 나타났는데, 그야말로 산을 넘고 강을 건너 모래사막을 향해 달렸다.

중간에 버스에서 내려 미리 준비한 도시락을 풀밭에서 먹었다. 초지가 있는 곳을 지날 때면 얼룩말이나 기린을 간혹 볼 수 있었다. 아침 8시경에 출발했는데 오후 늦게 저녁 시간이 되어서야 숙소에 도착했다. 물이 귀한 사막이지만 건물이 들어선 곳은 오아시스 지역이라 주변에 나무와 풀이 자라고 있었다. 회의장과 레스토랑 등을 제외한 모든 공간은 방갈로 형태였는데 돌과 황토로 지어져 시원하기도 하고 특색이 있었다.

회의는 닷새 동안 이어졌고, 어느 하루는 오후에 소수스블레이를 보러 갔다. 그다지 먼 곳은 아니지만 근처까지 버스로 이동한 후 모래언덕을 올라 다시 분지처럼 생긴 메마른 호수로 내려갔다. 원래 이곳은 아프리카어로 블레이Vlei라 불리는데 습지란 뜻이고, 소수스Sosus는 돌아오지 않는 또는 죽은 끝이라는 의미를 가진다. 물이 들어가기만 하고 나올 수 없는 지형이기 때문이다. 그러나 설명을 들으니 여기가 물의 발원지라고 한다. 아마 원래는 그랬겠지만 지금은 물이 나올 수 없는 구조로 바뀐 모양이다.

이곳 사막의 모래는 붉은색에 가까운 황색을 띤다. 모래에 철이 많이 섞여 있고 이들이 산화해서 그리된 것이다. 사구들이 바람에 깎여 기묘한 모습을 연출하는데 키가 큰 사구는 300미터가 넘는 것도 있었다. 숙소에 인터넷은 있지만 거의 사용할 수 없는 수준이었다. 블록이 이 장소를 택할 때 사막 한가운데서 일주일 정도 인터넷 없이 지내려는 의도가 있었다고 한다. 모두 만족했음은 물론이다. 학회의 만찬은 원주민 마을에 가서 그들이 준비한 음식을 먹었다. 전통음악과 춤을 구경하고 우리도 같이 어울려 놀았다. 툴리는 부인과 춤을 추었는데, 무척 즐거워 보였다.

원주민 마을은 우리가 지내는 숙소와 달리 전기가 전혀 없는 곳이라 주변이 완전히 깜깜했고, 밤하늘에는 별들이 찬연히 빛났다. 대마젤란은하와 소마젤란은하가 손에 잡힐 듯 눈에 들어왔다. 물론 남반구에서 하늘을 처음 만난 것은 아니고, 호주와 브라질에서도 보았지만 나미비아 사막에서는 정말 특별했다. 작은 망원경이 준비되어 있었지만 모두 맨눈으로 보기를 즐겼다.

소수스블레이에서 윈드훅으로 돌아오는 길에 버스가 길가에 멈춘 적이 있다. 차가 서자 엘머그린이 자리에서 일어나 상황을 설명했다. 도시와 수백 킬로미터 떨어진 아프리카 오지 비포장도로에서 무언가 일이 생기면 불안한 마음이 들 텐데, 그가 나서서 마치 항해 중의 선장처럼 행동했다. 엘머그린은 일행에게 안정감을 주었고, 모든 일에 솔선수범하는 모습을 보며 '이것이 미국 신사의 전형이구나' 하는 생각이 들었다.

엘머그린은 이곳에 참가한 이들 중에서는 페니거와 함께 여러 회의에서 가장 자주 마주친 사람이었다. 내가 막대은하의 수치 모형 계산을 할 때 참석했던 거의 모든 학회에서 그 두 사람을 만났기 때문이다. 그리고 이들만큼이나 자주 본 사람이 이번 회의의 주인공인 프리먼이었다.

덧붙이자면 여기서 만난 린든 벨은 특별한 사람이었다. 참가자 중 나이가 많은 편이었는데 무척 활발하게 지냈다. 하루는 점심 식사 후 벤치에 앉아 쉬는데 린든 벨이 부메랑을 날리며 노는 모습을 보았다. 내 앞을 지나가며 부메랑을 던지는 시늉을 했는데, 개구쟁이 같았다. 항상 작은 노트를 들고 다니며 짬짬이 계산도 했다. 70세가 넘었음에도 학문에 대한 열정이 조금도 준 것 같지 않았다.

그와의 인연은 윈드훅에서도 이어졌다. 숙소인 호텔에 연락하니 객실을 수리하고 있어 사용할 수 없다고 했다. 갑자기 묵을 곳을 새로 잡아야 했다. 많은 사람이 시내 중심가에 있는 큰 호텔

앞에 내렸고, 다른 곳에 묵는 이들은 미니 버스 2대에 나누어 타고 각자의 숙소로 이동했다. 나도 그중 한 버스에 타서 움직이며 사람들과 같이 내려 호텔에 방이 있는지 물었지만 번번이 실패였다.

가까운 호텔부터 차례대로 사람들이 내리고 나니 린든 벨과 나 그리고 한 명이 남았다. 내가 방을 찾는 것을 알게 된 린든 벨이 숙소를 찾지 못하면 자신과 방을 함께 사용하자고 했다. 정말 영국 신사다운 마음 씀씀이였다. 결국 다 내리고 린든 벨이 묵는 호텔에 도착했다. 직원에게 빈방이 있느냐고 물으니 마침 한 명이 나가기로 해, 방이 생겼다고 한다. 정말 다행이었다. 린든 벨도 자기 일처럼 기뻐했다. 저녁을 같이 먹기로 약속하고 방으로 갔다. 좀 쉬었다 나왔는데 마침 그도 내려오고 있었다. 이런저런 이야기를 나누고 식사를 한 뒤 헤어졌는데, 케임브리지에 오면 꼭 들르라고 했다. 정말 감사한 일이다. 그리고 몇 년 전, 그는 세상을 떠났다. 영국에 갈 일이 없어 찾지 못했는데 또 이렇게 한 시대를 풍미한 천문학자를 보내게 되었다.

파리에서 만난 우주

2013년 3월부터 2016년 5월까지 대학의 행정을 맡게 되어 연구에 집중할 수 없어 국제 학회 참석은 생각할 수 없었다. 그나마 이 기간 완전히 손을 놓고 있지는 않아 2016년 12월, 파리에서 열리는 회의에는 논문을 들고 참가할 수 있었다. 물론 논문 발표를 하지 않는다고 학회에 참가하지 못하는 것은 아니다. 그렇지만 이왕이면 빈손으로 가기보다 연구 결과를 발표하고 전문가들의 의견을 듣는 것이 훨씬 더 좋기에 무리해서 준비했다. 마침 안식년이라 강의 부담이 없었기 때문에 논문 준비에만 진력할 수 있어 가능했던 일이었다. 더구나 파리 학회는 내가 2015년 은하 분류를 마친 후부터 관심을 가진 분야인 은하군에 대한 것이라 꼭 가고 싶었다.

학술 대회는 파리 천체물리연구소AIP에서 열렸으며 같은 경내에 파리천문대가 있다. 이 연구소는 IAU 본부가 있는 곳이기도 하다. 유서 깊은 연구소로 건물은 오래되었지만 천문학 100년사를 간직했다. 이곳에 참가한 젊은 천문학자 가운데 모르는 사람이 많았지만 파리천문대의 콤브를 비롯하여 아는 이가 몇몇 참가하여 인사를 나눌 수 있었다. 그중 하와이대학의 툴리는 나미비아 회의에서 보고 나서 오랜만에 다시 만날 수 있었고, 영국 옥스퍼드대학의 실크는 나미비아에서 처음 만난 후, 수년 전 고등과학원에서 개최된 우주론 워크숍에서 마주쳤다. 그리고 여기서 또 보게 되어 반갑게 인사했다.

앞서 언급했듯 두 사람 모두 우주론 분야에서 대단한 업적을 낸 이들이다. 실크는 이론가이고 툴리는 관측천문학자인데, 70대중반을 넘었는데도 여전히 연구 활동이 왕성하다. 실크는 발표를 하지 않았는데, 작은 노트에 다른 사람들의 연구 내용을 열심히 적는 모습이 인상적이었다. 이 정도 대가들은 아마 발표를 들으며 다음 논문을 구상할 것이다.

툴리는 우리은하가 속한 국부은하군에 접해 있는 거대한 빈터인 국부빈터에 대해 발표했다. 툴리는 1977년 피셔Richard Fisher와 함께 이 국부빈터를 발견한 당사자며, 이들이 툴리-피셔 관계를 만든 사람들이다. 빈터는 은하의 밀도가 극히 낮은 영역을 말한다. 보통 크기가 수십 메가파섹에 달하고, 빈터의 거죽에 초은하단이 놓여 있다. 빈터의 크기를 광년으로 환산하면 수억 광년이 된다. 우리은하에서 국부빈터 중심까지의 거리는 7,500만 광년이다. 빈터는 1980년대 중반 하버드대학의 후크라John Huchra가 주도한 CfA 적색이동 탐사에서 발견되었다.

빈터는 초은하단과 함께 우주의 거대구조를 이루며 팽창하고 있다. 빈터가 만들어지는 원인을 두고 많은 가설이 제시되었으나 우주론적 규모의 수치 계산에 의하면 밀도 요동이 대규모로 발전한 것이 빈터와 초은하단이다. 빈터에는 은하가 거의 없고, 초은하단에는 수천 개의 은하가 모여 있어 대조를 이룬다. 밀도가 높은 곳이 있으면 밀도가 낮은 곳이 있는 것이 자연스러운 일이고, 빈터 정도로 큰 규모에서는 우주의 팽창이 지배적인 힘이 되어 빈터를 팽창시킨다.

많은 사람을 만났고 흥미로운 연구 결과들을 접했다. 특히,

이 회의를 주재한 마몬Gary A. Mamon이 은하군의 환경을 정의하는 여러 가지 방법을 소개했는데 처음 알게 된 것도 있어 재미있게 들었다. 은하 관측 전문가인 릴리Simon Lilly는 은하군의 환경에서 발견되는 은하 형태의 상사성을 이야기해 귀가 솔깃했다. 내가 고립된 위성은하계에서 발견한 은하 세계의 유유상종이 고립되지 않은 은하군에서도 나타난다는 것이었다. 다른 특별한 일은 이때쯤 은퇴하는 여성 천문학자가 있었는데 그분이 이 회의를 기념할 수 있게 같이 찍은 사진 뒤에 참가자가 사인하여 전달하는 것이었다. 처음 만난 분이지만 사인 행사에 동참했다.

파리는 공항에 잠시 내린 적은 있었지만 머문 적은 없었기에 이번에 제대로 둘러볼 생각을 했다. 마침 안식년이기 때문에 급하게 귀국하지 않아도 되어 학회가 끝난 후 주말을 포함하여 사흘을 더 보내고 돌아가기로 했다. 물론 회의 기간에도 저녁에는 거리를 둘러볼 수 있지만, 미술관이나 박물관 등은 주간에만 볼 수 있어서 며칠 더 머물기로 한 것이다.

파리는 예술의 도시이지만 과학도 소홀히 하지 않는다. 유럽 천문학의 한 축을 담당해왔던 파리천문대와 AIP가 100년이 넘는 역사를 자랑하고 있을 뿐 아니라, 과학의 대중화를 위한 과학관에도 많은 투자를 했다. 파리 근교에 과학 도시를 세웠고, 그 안에 유럽 최고의 과학관을 만들어 학생과 일반인이 과학을 쉽게 접할 수 있게 했다. 과학관은 규모가 대단했다. 하루를 잡고 거의 전 분야를 둘러보았다. 푸코의 진자를 포함하여 많은 전시물이 있었지만

301

나를 가장 오랫동안 붙잡아둔 곳은 물리 실험실이었다. 설명하고 도와주는 사람이 있어 방문자가 직접 체험하도록 했다. 실험을 지도하는 이는 경험이 많은 물리 교사로 보이는데, 학생들에게 큰 도움이 될 것 같았다.

또 한 곳 방문했던 데는 파리 중심부에 있는 천체투영관이었으며, 저녁에 보았다. 나는 이즈음 밀양 아리랑천문대의 건설 자문을 하고 있어서 이 천체투영관에서 운영하는 프로그램에 관심이 있어 찾았다. 보여주는 영상도 좋았지만, 이를 설명하는 해설사의 솜씨가 일품이었다. 정말 잘 왔다는 생각이 들었다. 운영하는 프로그램도 좋아야 하지만, 해설사가 이를 어떻게 전달하는지도 무척 중요하다는 것을 알 수 있었다. 나는 이 모든 명소를 혼자서 다니며, 사색도 하고 방황도 하면서 파리의 아름다움을 가슴에 담았다.

은하의 숲을 거닐며 우주의 신비에 접했다. 그 과정에서 많은 사람을 만났다. 대학원에서 같이 소백산을 다닌 이형목, 윤태석, 이명균 같은 대학 후배들뿐 아니라, 배움의 길로 인도해주신 유경로, 현정준, 윤홍식, 이시우, 홍승수 교수님과 같은 은사님들을 만나 학문과 인생을 배웠다.

배움의 손길은 국내에 국한되지 않았다. 도쿄대학 기소천문대의 오카무라 박사를 만나 은하의 표면 측광을 배웠고, 학술회의에서 만난 프리먼, 콤브 등으로부터 은하 역학의 궁금한 점을 해소했으며, DAO에서 가까이 지낸 반덴버그, 오케, 헤서 등에게서는 학자의 삶을 지켜볼 수 있었다. 그리고 나미비아 사막에서 조우한 린든 벨은 지성인의 격조를 보여주었다.

나는 40여 년, 학문의 외길을 걸으며 은하를 가까이 했지만 뚜렷한 족적을 남기지는 못했다. 위안이라면 작은 몇 봉우리에 오를 수 있었고, 그 즐거움을 여러 사람과 나눌 수 있었다는 것이다. 블랙홀에 의해 은하핵에 생기는 나선팔을 이해하게 되었고, 원반이 휘어지는 원인도 알게 되었다. 무엇보다 즐거운 일은 은하를 보는 일이었고, 그 결과 적지 않은 은하를 분류하여 목록을 만들 수 있었다.

　막대은하처럼 밝고 큰 은하뿐 아니라 작은 왜소은하에도 관심을 가지게 되었고, 이들이 대부분 위성은하로 있다는 것을 알았다. 가장 놀라운 사실은 위성은하가 모은하의 형태를 닮는다는 점이었다. 그것도 가까이 있을수록 많이 닮는다. 유레카! 은하 세계의 유유상종이다. DNA도 중요하지만 환경 역시 중요하다는 걸 은하들이 말해주고 있다.

　내 연구 여정의 막바지에 이르러 은하의 형태학에 눈을 돌릴 수 있었던 일도 행운이었다. 마침 막대은하의 연구가 일단락된 시점에서 우리나라에 SDSS 연구 그룹이 만들어져 SDSS 자료를 친숙하게 이용할 수 있었다. 특히, SDSS에서 제공하는 은하의 영상을 틈날 때마다 볼 수 있어 큰 즐거움이었다. 은하의 영상을 자주 보게 되니 은하의 형태가 눈에 들어오고, 이들을 본격적으로 연구할 마음이 생겼다. 자주 보게 되니 더 잘 이해하게 되고, 더 잘 알게 되니 더 자주 보게 되는 것이 사람 사이의 사랑과 같았다.

　은하의 세계는 매우 다양하여 그들을 보는 것은 무척 행복했다. 힘든 줄 모르고 하루에 몇 시간씩 모니터 앞에 앉아 은하를 보며 우주를 감상했다. 사람의 관상에 그 사람이 살아온 인생이 투영되듯이 은하의 형태에도 은하가 태어나서 진화해온 과정이 담겨 있다. 은하의 운명을 결정하는 물리량은 질량이다. 여기에 하나 덧붙이면 각운동량이다. 그러나 같은 질량과 각운동량을 가지고 태어난 은하라도 주변 환경에 따라 진화가 달라지고, 그 결과 형태가 달라질 수 있다. 사람의 인상이 자라는 환경에 의해 달라지는 것과 같은 이치다.

은하의 진화에서 가장 극적인 일은 다른 은하와의 병합이다. 질량이 대등한 은하면 더 극적인 상황이 벌어져 둘 다 원래의 특성을 잃어버린다. 대표적인 예가 나선은하와 나선은하의 병합으로, 그 결과 만들어진 것이 타원은하다. 물론 모든 타원은하가 이렇게 생성되지는 않더라도 많은 타원은하가 이러한 과정으로 만들어진다는 것은 분명하다. 특히, 은하단의 중심에 있는 거대타원은하는 의심의 여지없이 은하들의 병합으로 탄생했다. 인류의 문명사에서 씨족 모임이 부족 국가가 되고, 이들이 다시 도시 국가가 되며, 도시 국가는 주변의 작은 도시 국가들과 충돌하여 더 강한 국가에 복속되는 것과 같은 과정이다.

은하는 홀로 있기보다 집단을 이루는 경향이 있다. 중력으로 서로 끌어당기니 은하들이 모이는 것은 자연스럽다. 작은 집단인 은하군도 있고, 이들이 여럿 모인 은하단도 있다. 은하단은 다시 주변의 은하단들과 어울려 초은하단을 이룬다. 이렇게 은하들이 군집을 이루게 되니 우주에는 은하가 없는 곳이 생기기 마련이다. 이런 곳을 빈터 또는 공동이라 부른다. 은하가 몰려 있는 공간보다 비어 있는 공간이 훨씬 커 우주의 90퍼센트에 이른다.

은하로 이루어진 우주에서 특별한 존재가 있다. 블랙홀이다. 별 진화의 최종 단계에 생기는 블랙홀도 있고, 은하의 생성 초기에 은하의 중심에 생기는 초대질량블랙홀도 있다. 먼 훗날의 이야기가 되겠지만 이 초대질량블랙홀은 은하의 모든 별과 성간물질을 먹어 치우고, 종국에는 빛으로 모두 증발하여 우주는 다시 빛으로 가득한 변화가 없는 지루한 우주가 될 수 있다. 열역학 제2법칙이 최후의 승자인 셈이다.

천문학의 궁극적 목표는 우주의 기원을 이해하는 것이다. 지금 우리가 이해하고 있는 표준우주론이 맞다면 우주는 유한한 나이를 가지고 있고, 관측할 수 있는 우주의 크기는 유한하지만 우주 자체는 무한히 크다. 유한한 나이를 가진다는 이야기는 시작이 있다는 것이다. 그러나 시작이 있음을 알 뿐, 그 시작이 어떻게 작동했는지는 모른다. 우리가 모를 수밖에 없는 것은 이를 직접 관측할 수도 없지만 더 근본적으로는 이를 설명할 수 있는 물리학이 없기 때문이다.

내가 대학에 들어갔을 때 일반물리학 강의에서 권숙일 교수님은 현대 과학의 다섯 가지 목표를 말씀하셨는데, 그중 첫 번째가 우주의 궁극을 이해하는 것이라고 하셨다. 물질의 기원, 생명현상 규명 등이 목표에 포함되었는데, 50년이 더 지난 지금에도 해결된 건 하나도 없다. 그동안 과학과 기술은 비약적으로 발전했지만 궁극적인 질문에 답하기엔 아직 갈 길이 멀다. 어쩌면 이것이 과학의 한계일지도 모르겠다. 그럼에도 나는 과학이야말로 진실에 접근하는 가장 바른 길이라 생각한다.

은하의 숲을 나가며 우주의 구조를 간단하게 돌아보았다. 돌아보니 은하로 이루어진 우주는 인류 문명이 진화해온 방식과 사뭇 유사하다. 우리 문명이 어디를 지향하는지도 비추어볼 수 있을까? 여전히 아는 것보다 모르는 것이 더 많지만, 그래도 평생 은하를 연구하며 알게 된 게 아주 없지는 않다. 은하 세계의 유유상종을 엿본 것은 학습의 백미다. 또 무엇이 나를 기다리고 있을까? 학자에게 정년은 없다.

끝으로 감사의 말씀을 전하고 싶다. 관측천문학자로 걸어오는 여정에서 만난 대학의 은사님과 동료 그리고 학생들, 이 모든 만남이 오늘의 나를 있게 했다. 무엇보다 감사한 사람은 아내다. 가난한 학자의 곁을 묵묵히 지키며 끝없는 성원을 보내주었다. 끝으로, 이 책이 나오게 해준 위즈덤하우스와 편집에 힘쓴 김예지 님께 감사의 말씀을 전한다.

이 책은 은하를 연구하는 학자의 삶을 따라가며 우주의 신비를 함께 나누려는 의도로 쓰였다. 갑자기 생소한 용어가 튀어나와 천문학을 처음 접하는 이들이 당혹해할 수 있을 듯해 마련한 것이 '천문학의 기초 용어'다. 천문학 배경지식이 없는 분들이 이 책을 읽는 데 도움이 될 거리 단위 등 천문학의 기본 개념을 정리한 것이며, 이에 더해 본문에서 다루기에 너무 전문적이고, 긴 설명이 필요한 내용을 담았다.

거리 단위

- **천문단위(AU)**: 천체의 거리를 나타내는 기본 단위로 지구와 태양 사이의 평균 거리로서 1.5×10^8km에 해당한다. 태양계의 천체를 기술할 때 유용하다.
- **광년(ly)**: 빛이 1년 동안 간 거리로 9.46×10^{12}km에 해당한다.
- **파섹(pc)**: 지구 공전궤도의 긴반지름을 기선으로 했을 때 시차가 1각초($''$)가 되는 거리로서 206,265AU에 해당한다. 광년으로 나타내면 1파섹은 3.26광년이다. 가까이 있는 별의 거리를 나타내기에 유용하다.
- **킬로파섹(kpc)**: 1,000pc. 멀리 있는 별의 거리나 우리은하의 구조를 설명할 때 주로 사용한다.
- **메가파섹(Mpc)**: 10^6pc. 은하의 거리를 나타낼 때 사용한다.

삼각시차

별의 거리를 구하는 방법은 삼각시차를 이용하는 것이 가장 기본이
된다. 시차는 서로 다른 두 지점에서 같은 점을 볼 때 두 시선이 비껴
보이는 정도, 즉 두 시선의 차이 각을 의미한다. 관측하는 두 지점 사
이의 거리가 지구의 공전궤도 반지름에 해당할 때의 시차를 삼각시
차 또는 연주시차라고 한다. 삼각시차를 각초로, 거리를 파섹 단위
로 표시하면, 거리와 삼각시차의 관계는 다음과 같다.

$$d[\text{pc}] = \frac{1}{p^{[\prime\prime]}}$$

삼각시차의 측정 오차가 0.01각초 정도이기 때문에 삼각시차로 거
리를 측정할 수 있는 한계는 최대 100파섹에 불과하다. 최근 삼각시
차를 관측하기 위해 쏘아 올린 가이아 인공위성에서 측정할 수 있
는 측정 오차는 0.001각초 정도로 줄어들어, 이제 삼각시차 방법으
로 측정할 수 있는 거리의 범위가 1킬로파섹으로 늘어났다.

광도와 등급

천체의 밝기는 광도와 거리에 의해 결정된다. 광도는 단위시간에
방출하는 에너지다. 보통 W(Joule/s), erg/s로 표시한다. 천체의 광도
는 태양의 광도($L_\odot$)를 단위로 하고, $L_\odot = 3.8 \times 10^{26}$W다. 천체의 밝기
를 나타내는 단위로 등급을 사용하며, 등급에는 눈이 인지하는 밝

기인 겉보기등급과 광도와 직접적인 관련이 있는 절대등급이 있다. 절대등급은 어떤 천체가 10파섹 거리에 있을 때의 겉보기등급에 해당한다. 겉보기등급의 기준은 밤하늘에서 가장 밝은 별의 집단을 1등성, 가장 흐린 별의 집단을 6등성으로 했는데, 1등성은 6등성보다 100배 밝다. 즉, 등급은 광량 역수의 대수에 비례하여 1등급 차이는 밝기 비 2.512에 해당한다. 태양을 제외하면 가장 밝게 보이는 별은 큰개자리의 시리우스로서 겉보기등급이 -1.46이다. 이처럼 과거에 1등성으로 분류한 별 중에는 1등성보다 훨씬 밝은 별도 있다. 행성은 태양이나 지구로부터 거리가 계속 변하여 밝기가 변하며, 가장 밝은 행성인 금성의 경우 -3등급에서 -5등급 범위로 관측된다. 태양의 겉보기등급은 -26.74이고, 절대등급은 4.83이다.

색지수

별을 유심히 관찰한 사람은 별의 색깔이 다양하다는 것을 알 수 있으나 별의 색 구별이 그렇게 쉽지는 않다. 그러나 겨울철에 흔히 볼 수 있는 오리온자리의 왼쪽 위에 있는 베텔게우스와 오른쪽 아래에 있는 리겔은 둘 다 1등성으로 밝고, 확연히 다른 색깔을 가져 누구나 쉽게 구별할 수 있다. 베텔게우스는 누가 보더라도 붉고, 리겔은 푸르다. 오리온자리의 중앙에 있는 세 별인 삼태성도 푸르다. 별은 왜 색깔이 다를까?

천문학에서는 천체의 색을 구별하는 물리량으로 색지수를 사용하며, 색지수는 2개의 다른 파장에서 관측한 등급의 차이로 정의한다. 가장 많이 사용하는 색지수는 B등급과 V등급의 차이로 정의하는 B-V이며, 이는 눈으로 밝기를 구별한 안시등급과 사진 건판에서 측정한 사진등급의 차이와 유사하다. B등급은 중심 파장이 450나노미터인 필터를 통과한 광량을 측정한 등급이고, V등급은 중심 파장이 550나노미터인 필터를 통과한 광량을 측정한 등급이다.

별이 방출하는 에너지는 흑체복사로 근사할 수 있다. 흑체는 입사하는 모든 빛을 흡수하고 열평형 상태에서 입사한 모든 에너지를 방출하는 물체이고, 흑체에서 나오는 복사를 흑체복사라 한다. 흑체는 온도(T)와 최대 에너지가 나오는 파장(λ_{max})이 반비례한다. 흑체복사의 에너지 분포는 온도에 따라 결정되기 때문에 별의 색지수는 온도에 의해 정해진다. 흑체의 온도가 높을수록 최대 에너지를 내는 파장이 짧아지므로 뜨거운 별은 푸르게 보이고, 차가운 별은 붉게 보인다. 위에서 예를 든 베텔게우스는 B-V 색지수가 1.85이고, 리겔은 -0.03이다. 색지수가 음의 값이면 B등급이 더 밝다는 의미다.

질량

행성의 질량은 지구의 질량($M_{\oplus}$)을 단위로 하고, 그 외 천체는 태양의 질량($M_{\odot}$)을 기본 단위로 삼는다. 이들은 각각 $M_{\oplus}$ = 5.9 × 10^{24}kg, $M_{\odot}$ = 2 × 10^{30}kg이다. 이러한 단위를 사용하면 태양계에서 가장 가벼운 행성인 수성의 질량은 0.05, 가장 무거운 행성인 목성의 질량은 317.8이며, 금성은 0.81, 화성은 0.11이다. 별의 질량은 0.1~100$M_\odot$이 된다. 별 질량의 하한은 중심부에서 수소 원자의 핵융합이 일어날 수 있는 최소 온도에 의해 결정되고 이 값은 ~0.08$M_\odot$이다. 질량의 상한은 광압으로 별의 대기에 있는 기체를 공간으로 날려 보내지 않을 수 있는 최대 광도에 의해 결정된다. 은하의 질량은 대략 10^5~$10^{12}M_\odot$이므로 별보다 그 범위가 훨씬 넓다. 우리은하의 질량은 ~$10^{12}M_\odot$으로 90퍼센트 정도가 빛을 내지 않는 암흑물질이다. 우리은하에 수천억 개 별이 있다는 것은 우리은하 질량의 10퍼센트가 별로 되어 있다고 생각했을 때 추정된 것이다.

거리지수

거리지수는 겉보기등급(m)과 절대등급(M)의 차이를 말하며, 다음의 관계식을 이용하여 거리를 구할 수 있다.

$$m - M = 5\log r - 5$$

여기서 거리 r의 단위는 파섹이다. 위 식에 $r = 10\text{pc}$을 대입하면 우변은 0이 되어 절대등급과 겉보기등급이 같아지는 것을 알 수 있다. 그러나 위의 식은 별과 별 사이에 별빛을 흡수하거나 산란하는 성간 먼지가 없어 성간 소광이 없을 때 성립하며, 성간 소광이 있을 경우 위의 식은 다음과 같이 된다.

$$m - M = 5\log r - 5 + A$$

여기서 A는 성간 소광을 나타내며, 은하 평면 위에 있는 별일 때 방향에 따라 다소 차이가 있지만 대략 1킬로파섹당 1등급이 흐려진다.

색-등급도

색-등급도는 별의 등급과 색지수의 관계를 보여주는 그래프다. 횡축은 색지수를, 종축은 등급을 나타내는데, 등급은 보통 절대등급을 사용한다. 절대등급을 사용한 경우, 별의 질량과 진화 상태에 따라 위치가 결정된다. 색지수는 보통 B-V를 사용하고, 등급은 안시절대등급(M_V)을 사용한다. 색-등급도는 색지수 대신 분광형을 사용하는 H-R도(헤르츠스프룽-러셀 도표)와 함께 별의 특성과 진화를 연구하는 데 널리 사용된다. 색-등급도의 횡축 물리량인 색지수와 H-R도 횡축 물리량인 분광형은 둘 다 별의 표면 온도에 의해 결정되기 때문에 둘 사이에는 일대일 관계가 성립한다. 성단의 경우 성단까지의 거리에 비해 성단의 크기가 충분히 작기 때문에 성단의 모든 별이 같은 거리에 있다고 가정할 수 있어 절대등급 대신 겉보기등급을 사용해도 별의 진화 상태를 유추할 수 있다.

태양계 부근에 있는 별들의 색-등급도를 보면 대부분이 주계열성이고, 그다음으로 많은 별이 거성이며, 초거성은 극히 적다. 주계열 아래에 백색왜성이 있으나 그 수가 많지 않다. 주계열성이 가장 많은 이유는 별의 수명 대부분을 주계열에서 보내기 때문이고, 주계열 다음 단계인 거성에서 나머지 수명의 대부분을 보낸다. 초거성이 극히 적은 것은 초거성은 질량이 큰 별인데 별은 질량이 클수록

수가 줄어들고, 수명도 짧기 때문에 초거성의 수가 극히 적다. 백색왜성은 태양 정도의 질량을 가지는 별이 거쳐 가는 진화의 마지막 단계이고, 점점 흐려져 흑색왜성이 되어 보이지 않게 된다.

고유운동과 시선속도

별의 공간운동은 천구에 투영된 속도 성분인 고유운동과 시선 방향의 속도 성분인 시선속도로 나눌 수 있다. 고유운동의 단위는 1년 동안 간 각거리로, 각초/연(″/yr)의 단위 또는 밀리각초/연(mas/yr)를 사용한다. 고유운동은 적도좌표계(천체의 위치를 적경과 적위로 기술하는 좌표계. 기준면은 천구의 적도면이고 기준점은 춘분점으로, 춘분점에서 동쪽으로 잰 각이 적경 α, 천구의 적도에서 위아래로 잰 각을 적위 δ 라 한다)로 기술하면 1년간 움직인 적경의 변화량(μ_α)과 적위의 변화량(μ_δ)으로 나눌 수 있다. 가장 큰 고유운동을 가지는 버나드별은 고유운동이 10.3″/yr이다. 버나드별이 이렇게 큰 고유운동을 가지는 것은 공간운동이 다소 빠르기도 하지만 거리가 6광년으로 아주 가까이 있기 때문이다.

천체의 공간운동 중 시선 방향의 운동은 천체의 스펙트럼을 관측하여 도플러효과에 의해 변화된 흡수선이나 방출선의 파장, $\Delta\lambda$ 를 측정하여 알 수 있다. 즉, $\Delta\lambda / \lambda = v/c$가 되고, 천체가 접근하면 시선속도($v$)의 부호는 음이고, 멀어지면 부호는 양이다. 천체가 멀어질 때 파장이 길어지므로 이를 적색이동이라 한다. 우리은하에 있는 별의 시선속도는 음의 값과 양의 값이 골고루 관측되나 외부은하의 시선속도는 대부분이 양의 값을 가져 은하가 멀어지고 있음을 알 수 있다.

고유운동과 시선속도는 천체의 관측자에 대한 상대운동이다. 이러한 상대운동이 생기는 이유는 우리은하에 있는 천체의 경우, 모든 천체가 궁수자리에 있는 은하의 중심 주위를 회전하고 있으며, 지구는 태양 주위를 공전하며 스스로 자전하기 때문에 관측자도 이와 함께 움직이기 때문이다. 태양의 은하계 중심에 대한 회전속도는 220km/s이고, 지구의 공전 속도는 30km/s이다. 은하는 우주의 팽창으로 서로서로 멀어지고 있으며, 은하의 시선속도에는 우리은하가 처녀자리 은하단의 중심부를 향해 가고 있는 것이 반영되어 나타난다.

중원소

천체를 이루는 물질 중 수소와 헬륨을 제외한 모든 원소를 중원소라 부른다. 천체의 화학조성비를 나타내는 방법으로 수소의 질량비를 X, 헬륨을 Y, 중원소를 Z로 표현하며, X + Y + Z = 1이다. 화학조성을 나타내는 다른 방법으로 다음과 같이 정의되는 [Fe/H]를 사용하기도 한다.

$$[Fe/H] = \log((Fe/H)_*/(Fe/H)_\odot)$$

여기서 $(Fe/H)_*$는 별에 있는 수소 원자에 대한 철 원자의 함량비고, $(Fe/H)_\odot$는 태양에 있는 철과 수소 함량의 비다. 금속 함량이 태양에 비해 많은 천체는 [Fe/H] > 0이 되고, 작은 천체는 [Fe/H] < 0이 된다. 별의 스펙트럼을 관측하면 흑체복사를 따르는 연속선과 함께 특정 파장에서 흡수선이 나타난다. 이러한 흡수선은 별의 대기에 있는 원소가 별 안쪽에서 나오는 빛을 흡수해서 생긴다. 원소에 따라 흡수하는 파장이 달라 흡수선의 종류와 세기로부터 별의 대기를 구성하는 기체의 화학조성을 알 수 있다. 우리가 관측하는 별의 화학조성은 별 대기의 화학조성이고, 이는 별이 태어난 성간 구름의 화학조성과 같다.

별의 수명

별의 수명은 별이 태어나서 원자핵 합성으로 빛을 내고 있을 때까지의 시간을 말한다. 별 질량의 75퍼센트 정도는 수소 원자로 되어 있으며, 별이 만들어지면 별은 수소 원자의 핵합성으로 에너지를 방출하며 이러한 상태에 있는 별을 주계열성이라 한다. 수소 원자핵 합성은 크게 두 가지 방법으로 나누어져, 질량이 태양 정도거나 더 작은 별은 p-p 연쇄반응을, 태양질량의 1.3배 이상인 별은 CNO 순환을 하게 된다.

p-p 연쇄반응에도 p-p I, p-p II, p-p III 등 여러 갈래가 있으나 총에너지의 83.6퍼센트가 p-p I에 의해 나오고, 나머지 대부분은 p-p II에 의해 나온다. p-p I에서는 한 반응에서 2개의 수소가 결합하여 중수소를 만들고, 중수소는 다시 수소와 결합하여 헬륨의 동위원소

(^{3}He)를 만든다. 이것은 다른 반응에서 같은 과정으로 만들어진 ^{3}He 와 결합하여 He과 2개의 수소를 만든다. 이 과정에서 양전자와 중성미자가 만들어지는데, 양성자는 주변의 전자와 결합하여 감마선을 내며 소멸한다.

별은 일생의 대부분을 주계열에서 보내므로 주계열 수명으로 별의 수명을 근사한다. 주계열성의 수명은 주계열 상태에서 에너지를 만들 수 있는 총 에너지를 주계열의 광도로 나누면 구할 수 있고, 주계열성의 광도는 질량의 멱함수에 비례하여 $L \propto M^n$으로 쓸 수 있는데, n은 질량 구간에 따라 다르나 3 정도의 값이다. 주계열에서 나오는 에너지는 4개의 수소 원자가 1개의 헬륨으로 융합되며, 질량 차이 Δm이 질량과 에너지의 등가식에 의해 $E = \Delta mc^2$만큼 에너지가 만들어진다. 이때 Δm은 $4m_H - m_{He} = 0.007m_H$가 된다. 즉, 원자핵 반응이 일어나는 핵에 있는 수소 질량의 0.7퍼센트가 에너지로 바뀌는 것이다. 별의 핵에 있는 수소 질량은 별 질량에 비례하므로 핵합성으로 만들 수 있는 총 에너지는 Mc^2에 비례하게 된다. 따라서 주계열성의 수명은 다음과 같이 표현할 수 있다.

$$T_{ms} \propto Mc^2/L \propto M/M^3 \propto M^{-2}$$

즉, 주계열 수명은 별 질량의 제곱에 반비례하여 짧아진다.

탈출속도와 블랙홀 반지름

어떤 천체의 중력장을 벗어날 수 있는 최소한의 속도를 탈출속도(V_e)

라 부르고 이는 에너지보존법칙으로부터 유도할 수 있다. 질량이 M인 천체로부터 거리 r 떨어진 곳에서 속도 v로 원운동하고 있는 질량 m인 물체의 총 에너지는 $E = 1/2mv^2 - GmM/r$이다. 천체의 반지름 R에서 물체가 탈출속도 v_e로 운동하면 이 물체는 무한히 멀리 가서 정지하게 되므로 총 에너지는 0이다. 즉, $E = 1/2mv_e^2 - GmM/R = 0$이므로, $v_e = (2GM/R)^{1/2}$가 된다. 천체가 블랙홀인 경우 탈출속도는 광속이므로 $v_e = c$를 이용하면 위 식으로부터 블랙홀의 반지름(R_s)이 $R_s = 2GM/c^2$가 됨을 알 수 있다.

퀘이사 에너지

반지름 R인 천체의 표면에서 질량 m인 물체가 가지는 위치에너지는 $E = -GmM/R$이다. 퀘이사의 에너지는 이 천체를 블랙홀로 가정하고, 무한히 먼 곳에 있던 질량 m이 블랙홀 표면에 떨어질 때 생기는 에너지로부터 구할 수 있다. 즉, 위의 식에 블랙홀의 반지름($R_s = 2GM/c^2$)을 대입하면 $E = mc^2/2$이 된다. 이것은 정지질량을 에너지로 바꾼 값의 반에 해당한다. 그러나 이것은 물질이 아무런 에너지 손실 없이 블랙홀의 표면까지 도달할 때의 에너지이고, 안정된 궤도를 유지할 수 있는 것은 블랙홀 반지름의 3배 정도 거리까지 가는 것이 한계이므로, 위의 식처럼 되지 않는다. 이런 점을 고려하면 질량 m이 블랙홀로 유입될 경우 얻을 수 있는 에너지는 $E = \eta mc^2$로 표현할 수 있고, 이때 η는 1/6보다 조금 작은 0.1 정도가 된다. 따라서 블랙홀은 질량을 10퍼센트 정도의 효율로 에너지로 바꿀 수 있다. 이 것은 원자핵 반응에서 생기는 에너지 $E = 0.007mc^2$과 비교하면 10 배 이상 효율이 높다. 따라서 은하 중심에 있는 초대질량블랙홀로 물질이 유입되면 블랙홀은 은하에 있는 별이 내는 에너지보다 더 많은 에너지를 방출할 수 있다. 예를 들어 1년에 태양질량 정도가 블랙홀로 유입되면 퀘이사의 광도가 $6 \times 10^{45} \text{erg s}^{-1}$가 되고, 이 광도 는 우리은하 광도의 40배 정도에 해당한다. 은하 생성 초기에는 은 하핵으로 유입될 수 있는 가스가 풍부하여 우리은하보다 100배 이 상 밝은 퀘이사도 쉽게 만들어진다.

은하의 거리

• 세페이드 변광성의 주기-광도 관계

세페이드 변광성은 세페우스자리에 있는 δCep가 대표적인 별로 18세기 말부터 이 별이 변광하는 것을 알았다. 겉보기등급이 3.5등 급에서 4.4등급까지 변하여 맨눈으로 밝기의 변화를 식별할 수 있 다. 세페이드 변광성은 변광 패턴이 독특하여 다른 변광성과 쉽게 구별된다. 성단에 속해 있어 거리를 알 수 있는 세페이드 변광성을 이용하여 구한 주기-광도 관계를 보면 변광 주기가 길수록 광도가 높아지는 것이 확연히 드러난다. 별의 거리는 측정이 어렵지만 광 도 변화 주기는 비교적 관측이 쉬워 관측으로부터 주기를 구하면 주기-광도 관계를 이용하여 쉽게 거리를 구할 수 있으므로 거리를 구하는 자로서 중요한 역할을 한다. 특히 주기가 긴 세페이드 변광성은 초거성으로 가까이 있는 은하에서도 관측이 가능하여 은하의 거리를 구하는 중요한 수단이 된다.

• 적색거성 최대 밝기

개개별이 분해될 정도로 가까이 있는 은하의 경우에는 적색거성의 최대 밝기를 이용하는 방법(TRGB)이 유용하다. 이 방법은 별의 측광으로 색-등급도를 만들고, 별의 진화 모형과 비교하여 최대 밝기를 가지는 적색거성의 절대등급을 구하고 거리지수를 이용하여 거리를 구하는 방법이다. 이 방법은 1980년대에 CCD를 이용한 관측으로 천체의 측광 정밀도가 좋아진 후 사용되기 시작했고 특히, 허블우주망원경으로 관측하게 되면서 우리은하와 안드로메다은하의 위성은하 등 가까이 있는 은하의 거리를 구하기 위해 널리 사용되었다.

• 툴리-피셔 관계

툴리-피셔 관계는 멀리 있어 개개 별이 분해되지 않으나 전파 관측이 가능한 나선은하에 적용할 수 있는 유력한 방법이다. 이 방법은 툴리와 피셔, 두 천문학자가 1977년에 공동으로 개발한 것으로 나선은하의 광도가 높을수록 회전속도가 커지는 현상을 이용한 것이다. 은하의 광도는 결국 은하의 질량을 대변하므로 밝은 은하일수록 중력이 크다. 중력이 크면 중력과 평형을 이루기 위해서는 회전

속도가 빨라야 하므로 광도와 회전속도의 상관관계는 쉽게 이해가 간다. 실제 관측하는 물리량은 회전속도 자체가 아니라 회전속도의 영향을 받는 방출선의 폭인데 전파망원경으로 관측하는 중성수소의 선폭이 나선은하의 회전속도에 비례하는 현상을 이용한 것이다. 툴리-피셔 관계는 툴리가 영국에서 박사후연구원을 할 때 발견한 것으로 젊은 천문학자들의 열정과 창의적 아이디어가 학문의 발전을 견인하는 것을 보여주는 좋은 예다.

• 초신성 광도

초신성 중 폭발 때의 최대 광도가 거의 같은 SN Ia의 광도를 이용하는 방법이다. 초신성은 스펙트럼의 특성에 따라 SN I과 SN II로 나눈다. 스펙트럼에 수소 원자의 흡수선이 없으면 SN I, 있으면 SN II가 된다. SN I은 다시 강한 실리콘선이 있으면 SN Ia로 부르고, 그 외는 SN Ib나 SN Ic가 된다. 이 중 SN Ia는 백색왜성이 폭발한 것이고, 그 외는 모두 질량이 큰 별($\gtrsim 10 M_\odot$)이 폭발한 것이다. SN Ia는 백색왜성이 동반성으로부터 들어온 물질에 의해 질량이 $1.4 M_\odot$을 넘으며 폭발하기 때문에 최대 광도가 거의 같다. 초신성 SN Ia는 한 은하에서 한 세기에 한두 번 폭발이 일어난다. 우리은하에서 최근 100년 동안은 관측되지 않아 세페이드 변광성으로 거리를 구한 은하에서 관측된 초신성의 광도로 눈금이 정해졌으며, 이렇게 정해진 절대등급이 -19다. 이 때문에 세페이드 변광성의 주기-광도를 이용하여 직접 거리를 구하는 경우보다 거리의 정확도가 떨어지나 이들의 광도가 은하 전체의 광도와 맞먹을 정도로 높아 수십억 광년 떨어진 곳에 있는 은하에서도 관측이 가능하다는 장점이 있다.

• 허블–르메트르 법칙

은하가 충분히 멀리 있어 우주의 팽창에 따른 은하의 후퇴 속도가 충분히 큰 경우, 은하의 스펙트럼을 관측하여 적색이동을 측정하면 후퇴 속도(V)를 알 수 있고, V를 알면 다음과 같은 허블-르메트르 법칙을 이용하여 거리(D)를 구할 수 있다.

$$V = H \cdot D$$

여기서 H는 허블상수로서 70km s^{-1} Mpc^{-1}이고, V와 D의 단위는 km s^{-1}과 Mpc이다. 은하의 적색이동(z)은 관측된 파장(λ_{obs})과 방출된 파장(λ_{emi})의 차이 $\Delta\lambda = \lambda_{obs} - \lambda_{emi}$를 방출된 파장으로 나눈 것($z = \Delta\lambda / \lambda_{emi}$)이다. 속도가 광속에 비해 현저히 작을 경우, 즉 비상대론적인 운동을 하는 경우 $z = V/c$로 근사할 수 있다.

• 허블 소리굽쇠 도표

허블의 소리굽쇠 도표는 허블이 은하를 분류한 도표다. 허블은 모양의 규칙성에 따라 은하를 규칙은하와 불규칙은하로 나눈다. 규칙은하는 다시 타원은하, 나선은하, 렌즈형은하로 나누고, 나선은하는 핵을 가로지르는 막대의 유무에 따라 막대나선은하와 정상나선은하로 나누어진다. 은하를 이렇게 나눈 것을 허블 분류라 하며 소리굽쇠 모양을 닮아 흔히 소리굽쇠 도표라 한다. 나선은하의 가장 큰 특징은 원반에 있는 나선팔이다. 그러나 나선팔에 질량이 많이 있는 것은 아니다. 렌즈형은하는 원반과 중앙팽대부가 있는 것은 나선은하와 같으나 원반에 나선팔이 없다. 즉, 나선은하와 렌즈형 은하는 나선팔의 유무로 구별되는 것이다.

참고 문헌

1부 발견의 시대

Ann, H. B., Yu, K. L. 1981, "A Surface Photometry of Nearby Galaxies: M106, M31 and M33", *Journal of the Korean Astronomical Society*, Vol. 14, 1-11

Barton, S. G. 1930, "Messier's Catalogue", *Popular Astronomy*, Vol. 38, 573

Bosma, A. 1978, "The distribution and kinematics of neutral hydrogen in spiral galaxies of various morphological types", *PhD Thesis*, Groningen Univ.

Dreyer, J. L. E. 1888, "A New General Catalogue of Nebulae and Clusters of Stars, Being the Catalogue of the Late Sir John F.W. Herschel, Bart., Revised, Corrected, and Enlarged", *Memoirs of the Royal Astronomical Society*, Vol. 49, 1-237

Herschel, W. 1785, "On the construction of the heavens", *Philosophical Transactions of the Royal Society of London*, Vol. 75, 213-266

Herschel, W. 1786, "Catalogue of One Thousand New Nebulae and Clusters of Stars", *Philosophical Transactions of the Royal Society of London*, Vol. 76, 457-499

Herschel, J. F. W. 1864, "Catalogue of Nebulae and Clusters of Stars", *Philosophical Transactions of the Royal Society of London*, 154, 1-137

Kapteyn, J. C. 1922, "First Attempt at a Theory of the Arrangement and Motion of the Sidereal System", *Astrophysical Journal*, Vol. 55, 302-328

Lemaitre, G. 1931, "The expanding universe", *Monthly Notices of the Royal Astronomical Society*, Vol. 91, 490-501

Lemaitre, G. 1931, "The Beginning of the World from the Point of View of Quantum Theory", *Nature*, Vol. 127, 706

Rubin, V. C. et al., 1978, "Extended rotation curves of high-luminosity spiral galaxies. IV. Systematic dynamical properties, Sa -> Sc", *Astrophysical Journal*, Vol. 225, L107-L111

Shapley, H. 1918, "Globular Clusters and the Structure of the Galactic System", *Publications of the Astronomical Society of the Pacific*, Vol. 30, 42-54

Shapley, H. 1919, "On the Existence of External Galaxies", *Publications of the Astronomical Society of the Pacific*, Vol. 31, 261-268

Shapley, H. and Curtis, H. D. 1921, "The Scale of the Universe", *Bulletin of the National Research Council*, Vol. 2, 171-217

Slipher, V. M. 1914, "The detection of nebular rotation", *Lowell Observatory Bulletin*, Vol. 2, 66-66

de Vaucouleurs, G. 1958, "Photoelectric photometry of the Andromeda Nebula in the UBV system", *Astrophysical Journal*,

Vol. 128, 455-488

2부 은하의 기원

Alpher, R. A., Bethe, H., Gamow, G. 1948, "The Origin of Chemical Elements", *Physical Review*, Vol. 73, 803-804

Burbidge, E. M., Burbidge, G. R., Fowler, W. A. Hoyle, F. 1957, "Synthesis of the Elements in Stars", *Reviews of Modern Physics*, Vol. 29, 547-650

Kent, S. M. 1986, "Dark matter in spiral galaxies. I. Galaxies with optical rotation curves", *Astronomical Journal*, Vol. 91, 1301-1327

Kormendy, J., Bender, R. 2012, "A Revised Parallel-sequence Morphological Classification of Galaxies: Structure and Formation of S0 and Spheroidal Galaxies", *Astrophysical Journal Supplement*, Vol. 198, 2(40pp)

van den Bergh, S. 1976, "A new classification system for galaxies", *Astrophysical Journal*, Vol. 206, 883-887

3부 아인슈타인의 고리

Butcher, H., Oemler, A., Jr, 1978, "The evolution of galaxies in clusters. I. ISIT photometry of Cl 0024+1654 and 3C 295", *Astrophysical Journal*, Vol. 219, 18-30

Oke, J. B. 1963, "Absolute Energy Distribution in the Optical Spectrum of 3C 273", *Nature*, Vol. 197, 1040-1041

Schmidt, M. 1963, "3C 273 : A Star-Like Object with Large Red-Shift", *Nature*, Vol. 197, 1040

Walsh, D., Carswell, R. F., Weymann, R. J. 1979, "0957+561 A, B: twin quasistellar objects or gravitational lens?", *Nature*, Vol. 279, 381-384

4부 우주론 논쟁

An, D., Meissner, K. A., Nurowski, P., Penrose, R. 2022, "Apparent evidence for Hawking points in the CMB Sky", *Monthly Notices of the Royal Astronomical Society*, Vol. 495, 3403-3408

Baum, L., Frampton P. H., 2007, "Turnaround in Cyclic Cosmology", *Physical Review Letters*, Vol. 98, Issue 7, id. 071301

Bondi, H., Gold, T. 1948, "The Steady-State Theory of the Expanding Universe", *Monthly Notices of the Royal Astronomical Society*, Vol. 108, 252-270

Hoyle, F. 1948, "A New Model for the Expanding Universe", *Monthly Notices of the Royal Astronomical Society*, Vol. 108, 372-382

Penrose, R. 2006, "Before the BIG BANG: an Outrageous New Perspective and its Implications for Particle Physics", *Proceedings of EPAC*, 2006, Edinburgh, Scotland, 2759-2762

Penrose, R. 2010, *Cycles of Time: An Extraordinary New View of the*

Universe, Bodley Head, London

Steinhardt, Paul J., Turok, N. 2002, "Cosmic evolution in a cyclic universe", *Physical Review D*, Vol. 65, Issue 12, id. 126003

Steinhardt, Paul J., Turok, N. 2007, *Endless Universe: Beyond the Big Bang*, Doubleday, New York

5부 천문대 관측 여행

Ann, H. B., Lee, M. G., Chun, M. Y., Kim, S. -L., Jeon, Y. -B., Park, B.-G. 1999, "BOAO Photometric Survey of Galactic Open Clusters. I. Berkeley 14 Collinder 74, Biurakan 9, and NGC 2355", *Journal of the Korean Astronomical Society*, Vol. 32, 7-16

Chiboucas, K., Karachentsev, Igor D., Tully, R. B. 2009, "Discovery of New Dwarf Galaxies in the M81 Group", *The Astronomical Journal*, Vol. 137, 3009-3037

Kim, E., Kim, M., Hwang, N., Lee, M. G., Chun, M.-Y., Ann, H. B. 2011, "A wide-field survey of satellite galaxies around the spiral galaxy M106", *Monthly Notices of the Royal Astronomical Society*, Vol. 412, 1881-1894

6부 은하의 역학

Akiyama, K. et al., 2019, "First M87 Event Horizon Telescope Results. IV. Imaging the Central Supermassive Black Hole", *The*

Astrophysical Journal Letters, Vol. 875, L4(52pp)

Fath, E. A. 1909, "The spectra of some spiral nebulae and globular star clusters", *Lick Observatory bulletin*, No. 149. 71-77

Lynden-Bell, D. 1968, "Galactic Nuclei as Collapsed Old Quasars", *Nature*, Vol. 223, 690-694

Salpeter, E. E. 1964, "Accretion of Interstellar Matter by Massive Objects", *Astrophysical Journal*, Vol. 140, 796-800

Schmidt, M. 1963, "3C 273 : A Star-Like Object with Large Red-Shift", *Nature*, Vol. 197, 1040

7부 천문학의 질문들

죠셉 실크, 홍승수, 《대폭발》, 민음사, 1991

로저 펜로즈, 이종필, 《시간의 순환: 우주에 대한 황당할 정도의 새로운 관점》, 승산, 2015

로저 펜로즈, 노태복, 《유행, 신조 그리고 공상: 우주에 관한 새로운 물리학》, 승산, 2018

Ann, H. B., Park, Changbom, Choi, Yun-Young. 2008, "Galactic satellite systems: radial distribution and environment dependence of galaxy morphology", *Monthly Notices of the Royal Astronomical Society*, Vol. 389, 86-92

Muldrew, Stuart I. et al. 2012, "Measures of galaxy environment - I. What is 'environment'?", *Monthly Notices of the Royal Astronomical Society*, Vol. 419, 2670-2682

Peebles, P. J. E. 2020, *Cosmology's Century: An Inside History of our Modern Understanding of the Universe*, Princeton University Press, Princeton

Silk, Joseph. 2001, *The Big Bang*, 3rd edi., W. H. Freenand and Company, New York

Tully, R. B., Fisher, J. R. 1977, "A new method of determining distances to galaxies", *Astronomy and Astrophysics*, Vol. 54, 661-673

그림 출처

화보

- NGC 6752   ESO
- M51   ESA/Hubble & NASA
- M89   SDSS
- NGC 1015   ESA/Hubble & NASA
- NGC 4676   ESA/Hubble & NASA
- M101   ESA/Hubble & NASA
- M104   ESA/Hubble & NASA
- M2-9   ESA/Hubble & NASA
- M17   ESA/Hubble & NASA
- M1   NASA, ESA, J. Hester and A. Loll
- NGC 6960   ESA/Hubble & NASA

22쪽

- *Proc. Nat. Acad. Sci.*, 1916, Vol. 2; 512-521
- Brémond, Alain G. 2009, *Journal of Astronomical History and Heritage*, Vol. 12, 72-80
- Rubin, V. C., Ford, W. K., Jr., Thonnard, N. 1978, *Astrophysical Journal*, Vol. 225, p. L107-L111

23쪽

- Herschel, W. 1785, *Philosophical Transactions of the Royal Society of London*, Vol. 75, 213-266
- Shapley, H. 1918, *Publications of the Astronomical Society of the Pacific*, Vol. 30, No. 173, 42-54

24쪽

- Isaac Roberts

25쪽

- de Vaucouleurs, G. 1958, *Astrophysical Journal*, Vol. 128, 465-488

64쪽

- Alpher, R. A., Bethe, H., Gamow, G. 1958, *Physical Review*, Vol. 73, 803-804

65쪽

- Quantum Doughnut
- Ann, H. B., Kang, Y. H. 1985, *Journal of the Korean Astronomical Society*, Vol. 18, 79-85

66쪽

- van den Bergh, S. 1976, *Astrophysical Journal*, Vol. 206, 883-887

67쪽

· Kent, S. M. 1986, *Astronomical Journal*, Vol. 91, 1301-1327

118쪽

· Soucail, G., Mellier, Y., Fort, B., Mathez, G., Cailloux, M. 1987, *The Messenger*, Vol. 50, 5-6

· NASA/ESA

119쪽

· ESA/Hubble & NASA

120쪽

· NASA/ESA

121쪽

· NASA/ESA/JHU/R.Sankrit & W.Blair

154쪽

· ESO/Landessternwarte Heidelberg-Königstuhl/F. W. Dyson, A. S. Eddington & C. Davidson

155쪽

· NASA/ESA

· EHT

156쪽

· NASA

157쪽

· NASA/WMAP

200쪽

· 보현산천문대

201쪽

· 김강민, 한국천문학회

202쪽

· Ann, H. B., Lee, M. G., Chun, M. Y., Kim, S. -L., Jeon, Y. -B., Park, B.
   -G. 1999, *Journal of the Korean Astronomical Society*, Vol. 32,
   7-16

· ESO/Y. Beletsky

203쪽

· NASA, ESA and the Hubble Heritage Team (STScI/AURA)

· Kim, E., Kim, M., Hwang, N., Lee, M. G., Chun, M. -Y., Ann, H. B.
   2011, *Monthly Notices of the Royal Astronomical Society*, Vol.
   412, 1881-1894

238쪽

· SDSS

· NASA/ESA/CSA

239쪽

· NASA/ESA

240쪽

· Ann, H. B., Thakur, Parijat. 2005, *Astrophysical Journal*, Vol. 620,
   197-209

· ESO

241쪽

· Ann, H. B. 2007, *Journal of The Korean Astronomical Society*, Vol.
   40, 9-16

270쪽

· SDSS

· SAO

· Sattler, N. et al. 2023, *Monthly Notices of the Royal Astronomical Society*, Vol. 520, 3066-3079

271쪽

· SDSS

· NASA/JPL-Caltech/UCLA/MPS/DLR/IDA/Justin Cowart

앞표지 사진

· casey-horner-RmoWqDCqN2E-unsplash

은하의 모든 순간

초판 1쇄 인쇄 2024년 4월 1일
초판 1쇄 발행 2024년 4월 10일

지은이 안홍배
펴낸이 최순영

출판2 본부장 박태근
지적인 독자 팀장 송두나
편집 김예지
디자인 함지현

펴낸곳 ㈜위즈덤하우스 **출판등록** 2000년 5월 23일 제13-1071호
주소 서울특별시 마포구 양화로 19 합정오피스빌딩 17층
전화 02) 2179-5600 **홈페이지** www.wisdomhouse.co.kr

ⓒ 안홍배, 2024

ISBN 979-11-7171-177-2 03440